全国职业培训推荐教材
人力资源和社会保障部教材办公室评审通过
适合于职业技能短期培训使用

室内照明线路与装置安装基本技能

U0351651

中国劳动社会保障出版社

图书在版编目（CIP）数据

室内照明线路与装置安装基本技能/赵国梁主编. —北京：中国劳动社会保障出版社，2014

职业技能短期培训教材

ISBN 978-7-5167-0954-2

Ⅰ.①室… Ⅱ.①赵… Ⅲ.①室内照明-电路-安装-技术培训-教材 Ⅳ.①TU113.6

中国版本图书馆 CIP 数据核字（2014）第 043458 号

中国劳动社会保障出版社出版发行

（北京市惠新东街 1 号　邮政编码：100029）

*

中国标准出版社秦皇岛印刷厂印刷装订　　新华书店经销

850 毫米×1168 毫米　32 开本　5.25 印张　134 千字

2014 年 4 月第 1 版　　2023 年 7 月第 8 次印刷

定价：10.00 元

营销中心电话：400-606-6496

出版社网址：http://www.class.com.cn

前言

  职业技能培训是提高劳动者知识与技能水平、增强劳动者就业能力的有效措施。职业技能短期培训，能够在短期内使受培训者掌握一门技能，达到上岗要求，顺利实现就业。

  为了适应开展职业技能短期培训的需要，促进短期培训向规范化发展，提高培训质量，中国劳动社会保障出版社组织编写了职业技能短期培训系列教材，涉及第二产业和第三产业百余种职业（工种）。在组织编写教材的过程中，以相应职业（工种）的国家职业标准和岗位要求为依据，并力求使教材具有以下特点：

  短。教材适合 15～30 天的短期培训，在较短的时间内，让受培训者掌握一种技能，从而实现就业。

  薄。教材厚度薄，字数一般在 10 万字左右。教材中只讲述必要的知识和技能，不详细介绍有关的理论，避免多而全，强调有用和实用，从而将最有效的技能传授给受培训者。

  易。内容通俗，图文并茂，容易学习和掌握。教材以技能操作和技能培养为主线，用图文相结合的方式，通过实例，一步步地介绍各项操作技能，便于学习、理解和对照操作。

  这套教材适合于各级各类职业学校、职业培训机构在开展职业技能短期培训时使用。欢迎职业学校、培训机构和读者对教材中存在的不足之处提出宝贵意见和建议。

人力资源和社会保障部教材办公室

简介

    本书详细介绍了室内照明线路安装最基本的实用知识和技术。通过对本书的学习，培训学员能够从事室内照明线路安装的基本工作。

    本书在编写过程中，围绕室内照明线路安装工的工作内容构建结构，介绍了电路基础知识，电工安全常识，电工识图，电工常用工具、仪表的使用，导线的选择、连接与绝缘恢复等基础知识和技能。根据操作工艺介绍了室内线路施工的基本要求，护套线线路、管线线路、塑料线槽线路的施工，室内线路电气元件的选择，各类常用灯具的安装，室内照明线路的增设和拆除、检修，线路竣工检查与实验等内容。

    本书适合各类培训机构开展短期培训使用，也可供相关从业人员自学与参考。

    本书由天津市职业技能培训研究室赵国梁编写，天津市机电工艺学院张文英、天津市职业技能培训研究室董焕和审稿。

目录

第一单元　电工基础知识

模块一　电路基础知识

一、电路的基本概念

1. 电路

电路是电流的通路，它由电源、负载（或用电电器）、开关和连接导线等元器件组成，并且按照一定要求和方式组合起来。如图1—1所示是由干电池、小灯泡、开关和连接导线构成的一个简单直流电路。当合上开关S时，干电池向外输出电流，小灯泡有电流流过，小灯泡发光。打开开关S时，电路没有电流，小灯泡熄灭。

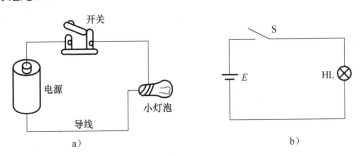

图1—1　电路

a) 电路实物图　b) 电路图

2. 电路通常有三种状态

（1）开路。整个电路中某处断开，如打开开关、连接导线断开等均称为开路，开路又称断路。开路时，电路中无电流通过，如图 1—2a 所示。

（2）通路。将电路接通，构成闭合回路，电路中有正常的工作电流，称为通路，如图 1—2b 所示。

（3）短路。在电路中电源或电路中的某一部分，由于某种原因被连接在一起，如负载或电源两端被导线连接在一起均称为短路，如图 1—2c 所示。

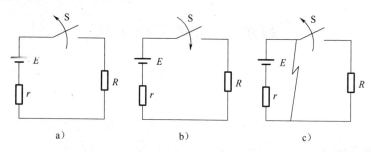

图 1—2　电路状态

a）开路　b）通路　c）短路

3. 电流、电压和电阻

（1）电流

1）电流的定义。电荷有规则的定向移动称为电流。在导体中，电流是由各种不同的电粒子在电场作用下做有规则的运动形成的。电流的大小取决于在一定时间内通过导体横截面电荷量的多少，用电流强度来衡量。

若在 t 秒内通过导体横截面的电荷量为 Q 库仑，则电流强度 I 就可用式 1—1 表示：

$$I = \frac{Q}{t} \qquad (1—1)$$

如果在 1 秒（s）内通过导体横截面的电量为 1 库仑（C），则导体中的电流就是 1 安培，简称安，用字母 A 表示。除安培外，常用的电流单位还有千安（kA）、毫安 mA 和微安（μA）。

$$1 \text{ kA} = 10^3 \text{ A}$$

$$1 \text{ mA} = 10^{-3} \text{ A}$$

$$1\ \mu\mathrm{A}=10^{-6}\ \mathrm{A}$$

电流不仅有大小，而且有方向。习惯上规定以正电荷移动的方向为电流的方向。

2）电流密度。电流密度是指当电流在导体截面上均匀分布时，垂直于电流流向的单位面积上通过的电流，用字母 J 表示，其数学表达式为：

$$J=\frac{I}{S}\qquad(1-2)$$

式中　J——电流密度，A/mm²；

　　　I——电流，A；

　　　S——导线横截面积，mm²。

选择合适的导线横截面积就是考虑导线的电流密度在允许的范围内，保证用电量和用电安全。导线允许的电流随导体横截面积的不同而不同。

（2）电压。电压是衡量电场力做功本领的物理量。在电场中若电场力将单位电荷 Q 从 a 点移动到 b 点，所做的功为 A_{ab}，a、b 两点之间的电压用带双下标的符号 U_{ab} 表示，其数学表达式为：

$$U_{ab}=\frac{A_{ab}}{Q}\qquad(1-3)$$

若电场力将 1 库仑（C）的电荷从 a 点移动到 b 点，所做的功是 1 焦耳（J），则 ab 两点之间的电压大小就是 1 伏特，简称伏，用字母 V 表示。电压常用单位还有千伏（kV）和毫伏（mV），其换算关系是：

$$1\ \mathrm{kV}=10^{3}\ \mathrm{V}$$

$$1\ \mathrm{mV}=10^{-3}\ \mathrm{V}$$

电路中任意两点之间的电压大小，可用电压表进行测量。电压不仅有大小，而且有方向，即有正负。对于负载来说，规定电流流进端为电压的正端，电流流出端为电压的负端。电压的方向由正指向负，如图 1—3 所示。

(3) 电位。电位是指电路中某点与参考点之间的电压。通常把参考点的电位规定为零，又称零电位。电位的文字符号用带下标的字母 V 或 φ 表示，即电位又代表一点的数值，如 V_A 表示 A 点的电位。电位的单位也是伏特（V）。一般选大地为参考点。即视大地电位为零电位。在电子仪器和设备中又常把金属外壳或电路的公共接点的电位规定为零电位。电路中任意两点（如 A 和 B 两点）之间的电位差（电压）与该两点电位的关系式为：

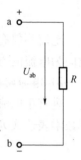

图1—3　电压的方向

$$U_{AB}=V_A-V_B \tag{1—4}$$

电位具有相对性，即电路中某点的电位值随参考点位置的改变而改变；而电位差具有绝对性，即任意两点之间的电位差值与电路中参考点的位置选取无关。

电位有正电位与负电位之分，当某点的电位大于参考点电位（零电位）时，称其为正电位，反之叫负电位。

(4) 电阻

1) 电阻的定义。当电流通过金属导体时，做定向运动的自由电子会与金属中的带电粒子发生碰撞。导体对电荷的定向运动有阻碍作用。电阻是反映导体对电流起阻碍作用大小的一个物理量。电阻用字母 R 表示。电阻的单位是欧姆，简称欧，用符号 Ω 表示。

如在导体两端加 1 V 的电压时，导体内通过的电流是 1 A，则这段导体的电阻就是 1 Ω。

常用的电阻单位还有千欧（$k\Omega$）和兆欧（$M\Omega$），它们之间的换算关系是：

$$1\ M\Omega=10^3\ k\Omega=10^6\ \Omega$$

2) 导体电阻的计算。导体的电阻是客观存在的，它不随导体两端电压的大小而变化。即使没有电压，导体仍然有电阻。导体的电阻跟导体长度成正比，跟导体的横截面积成反比，并与导体的材料性质有关。对于长度为 l、截面积为 S 的导体，其电阻 R 可用下式表示：

$$R = \rho \frac{l}{S} \qquad (1—5)$$

式（1—5）中的 ρ 是与导体材料性质有关的物理量，称为电阻率。电阻率通常是指在 20℃时，长 1 m 而横截面积为 1 mm² 的某种材料的电阻值。ρ 的单位是欧·米，用符号 $\Omega \cdot m$ 表示。

二、欧姆定律

1. 部分电路欧姆定律

部分电路欧姆定律是指在不包含电源的电路中（见图 1—4），流过导体的电流强度，与这段导体两端的电压成正比，与导体的电阻成反比。即：

$$I = \frac{U}{R} \qquad (1—6)$$

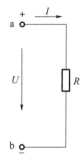

式中 I—导体中的电流，A；

U—导体两端的电压，V；

R—导体的电阻，Ω。

图 1—4 部分电路

欧姆定律表明了电路中电流、电压、电阻三者之间的关系，是电路分析的基本定律之一，实际应用非常广泛。

2. 全电路欧姆定律

全电路是指由内电路和外电路组成的闭合电路的整体，如图 1—5 所示。图中的虚线框内代表一个电源，称为内电路，电源内部一般都有内阻，用字母 r 或 R_0 表示，内电阻可以单独画出，也可以不单独画出，而是在电源符号旁边注明内阻的数值。从电源的一端经过负载 R 再回到电

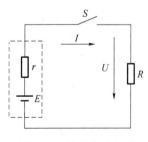

图 1—5 简单的全电路

源另一端的电路，称为外电路。

全电路欧姆定律是指在全电路中电流强度与电源的电动势成正比，与整个电路的内、外电阻之和成反比。其数学表达式为：

$$I = \frac{E}{R+r} \tag{1—7}$$

由公式（1—7）可得到：

$$E = IR + Ir = U_{外} + U_{内} \tag{1—8}$$

式中$U_{内}$是电源内阻的电压降，$U_{外}$是电源向外电路的输出电压，也称为电源的端电压。因此，全电路欧姆定律又可描述为：电源电动势在数值上等于闭合电路中各部分的电压之和。它反映了电路中的电压平衡关系。

三、电阻电路

1. 电阻的串联

把两个或两个以上的电阻按顺序首尾相接连成一串，使电流只有一条通路的连接方式叫作电阻的串联，如图1—6所示。

电阻串联电路的特点：

（1）电路中流过每个电阻的电流都相等。即：

$$I = I_1 = I_2 = I_3 = \cdots = I_n \tag{1—9}$$

（2）电路两端的总电压等于各电阻上电压之和，即：

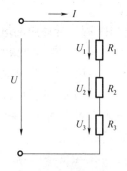

图1—6 电阻的串联

$$U = U_1 + U_2 + U_3 + \cdots + U_n \tag{1—10}$$

（3）电路的等效电阻（即总电阻）等于各串联电阻之和，即：

$$R = R_1 + R_2 + R_3 + \cdots + R_n \tag{1—11}$$

（4）电路中各电阻上的电压与各电阻的阻值成正比，即：

$$U_n = \frac{R_n}{R} U \tag{1—12}$$

式（1—12）称为分压公式，其中 R_n 越大，R_n 上所分配的电压 U_n 也越大。$\dfrac{R_n}{R}$ 称为分压比。

2. 电阻的并联

把两个或两个以上的电阻并列地连接在两个点之间，使每个电阻两端都承受同一个电压的连接方法，叫作电阻的并联。如图1—7所示。

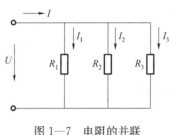

图 1—7　电阻的并联

电阻并联的特点：

（1）电路中各电阻两端的电压相等，并且等于电路两端的电压，即：

$$U = U_1 = U_2 = U_3 = \cdots = U_n \qquad (1-13)$$

（2）电路的总电流等于各电阻中的电流之和，即：

$$I = I_1 + I_2 + I_3 + \cdots + I_n \qquad (1-14)$$

（3）电路中等效电阻（即总电阻）的倒数，等于各并联电阻的倒数之和，即：

$$\frac{1}{R} = \frac{1}{R_1} + \frac{1}{R_2} + \frac{1}{R_3} + \cdots + \frac{1}{R_n} \qquad (1-15)$$

对于两只电阻的并联电路，其等效电阻为：

$$R = R_1 // R_2 = \frac{R_1 R_2}{R_1 + R_2} \qquad (1-16)$$

（4）在电阻并联电路中，各支路分配的电流与支路的电阻值成反比，即：

$$I_n = \frac{R}{R_n} I \qquad (1-17)$$

其中，$R = R_1 // R_2 // R_3 \cdots // R_n$

式（1—17）中电阻 R_n 越大，通过它的电流越小；R_n 越小，通过它的电流越大。

此公式常称为分流公式，$\dfrac{R}{R_n}$ 称为分流比。

四、电功率

1. 电流的热效应

电流通过金属导体时，导体会发热，这种现象称为电流的热效应。实验表明，电流通过金属导体产生的热量与电流的平方、导体的电阻及通过电流的时间成正比，即：

$$Q = I^2 Rt \qquad (1—18)$$

如果电流的单位为 A，电阻的单位为 Ω，时间的单位为 s，则热量单位为 J（焦耳），此关系称为焦耳定律。

2. 电功

电流通过不同的负载时，负载可以将电源提供的电能转变成其他不同形式的能量，电流就要做功。如果 a、b 两点间的电压为 U，则将电量为 q 的电荷从 a 点移到 b 点时电场力所做的功为：

$$A = Uq \qquad (1—19)$$

由于

$$I = \dfrac{q}{t}$$

则

$$A = UIt = I^2 Rt = \dfrac{U^2}{R} t \qquad (1—20)$$

在式（1—20）中，电压单位为 V，电流单位为 A，电阻单位为 Ω，时间单位为 s，则电功单位为 J。

在实际应用中，因为焦耳这个单位很小用起来不方便，生活中常用"度"做电功单位，也称为千瓦·小时，单位符号 kW·h。

$$1 \text{ kW·h} = 3.6 \times 10^6 \text{J}$$

3. 电功率

电功表示电场力做功的多少，但不能表示做功的快慢。电流在单位时间内所做的功称为电功率，它用来表示电场力做功的快慢。电功率用字母 P 表示，即：

$$P = \frac{A}{t} \qquad\qquad (1\text{—}21)$$

在式（1—21）中，电功的单位为 J，时间单位为 s，则电功率的单位为 J/s 或 W。在实际应用中，常用电功率的单位还有 kW 等。

$$1 \ kW = 10^3 \ W$$

电阻电路的电功率与电压、电流、电阻的关系还有：

$$P = UI = I^2 R = \frac{U^2}{R} \qquad\qquad (1\text{—}22)$$

电气设备、元器件安全工作时，所允许最大电流、最大电压和最大功率分别称为它们的额定电流、额定电压和额定功率。一般电气设备、元器件的额定值都标在其明显位置，如有的灯泡上标有"220 V/40 W"，电源插座上标有"10 A、250 V"等。

模块二　电工安全常识

一、电工应具备的条件

（1）必须身体健康，经医生鉴定无妨碍工作的疾病。凡患有较严重高血压、心脏病、气管喘息等疾病和患神经系统疾病、色盲、听力和嗅觉障碍及四肢功能有严重障碍者，不能从事电工工作。

（2）必须通过正式的技能站考试合格，并持有电工操作证和电工安全考试合格证。

（3）必须掌握触电急救方法、电气防火及救火等安全知识。

二、劳动保护用品的选用

1. 工作服的选用

电工上岗时，必须穿长袖长裤工作服，并有能扣紧袖口和裤管口的纽扣。

2. 绝缘鞋的选用

绝缘鞋是适用于交流电 50 Hz，600 V 及以下电力设备上工作时所穿的劳动保护用鞋，要每隔 6 个月进行一次耐压试验，交流耐压 3.5 kV，耐压时间 1 min，泄漏电流小于等于 7.5 mA。

3. 绝缘靴的选用

绝缘靴是适用于高压电力设备上工作时所穿的劳动保护用鞋，要每隔 6 个月进行一次耐压试验，交流耐压 15 kV，耐压时间 1 min，泄漏电流小于等于 7.5 mA。

三、安全用电常识

电工在进行安装和检修工作过程中，往往由于疏忽大意，操作技术不熟练，或忽视电气安全而造成安全事故。为确保工作任务的全面完成，电工必须掌握安全用电常识，防止触电事故的发生。

1. 安全电压

电流流过人体就会发生触电事故。因此电流是危害人体的直接因素，电流值决定于加在人体上的电压和人体的电阻值。

实践证明，频率为 50～160 Hz 的电流对人最危险，当人体通过 30 mA 的工频电流时，就有生命危险，通过 100 mA 的工频电流，则足以致人死亡。

人体的电阻值不是固定不变的，它与人体触电表面的干湿情况、触电面积的大小及人体素质有关。通常人体的阻值为 800～1 200 Ω，少数人的最低电阻值为 600 Ω 左右。若人体电阻以 1 000 Ω 计算，则人体接触 30 V 电压时，流过人体的电流就可达到 30 mA。可见，人体触及 30 V 以上的工频电压时就有危险，所以规定 24 V 为安全电压。但对于导电和特别潮湿的环境，则应采用 12 V 作为安全电压。

2. 室内照明线路电压

在照明供电系统中，绝大多数都采用交流三相四线、频率 50 Hz 供电。三相交流分别用 L1、L2、L3 表示，中性线（或称零线）用 N 表示。三相之间的电压称为线电压，电压是 380 V；

相线与中性线之间的电压称为相电压，电压是 220 V。

3. 触电的伤害形式

触电对人体的伤害形式一般有两种：电击和电伤。电流流过人体时，会在人体内部造成人体器官损伤，而在外表不留任何痕迹，这种触电现象称为电击。电击的危险性极大，一般触电死亡的事故都是由电击造成的。

电伤只是人体外部受伤。例如电弧灼伤，电流通过人体时由于化学效应导致的皮肤红肿以及在大电流下熔溅飞出的金属（包括熔体）颗粒对皮肤的烧伤等。

4. 常见的触电原因

触电原因有很多种，归纳起来大致有以下几点：

（1）误认为线路或电气设备断电或无电，未经验电就动手检修操作而误触电。

（2）检修中，安全措施不到位，接线错误，造成触电事故。

（3）带电作业时违反带电操作的规程。

（4）人体无意触摸到破损的电线或漏电设备的金属外壳；用湿手去开关电灯或用湿布擦洗带电的灯具或插座装置等。

（5）人体离高压电气设备太近（小于或等于放电距离），带电体很可能对人体放电而造成触电。

（6）当电源相线或运行中的电气设备由于绝缘损坏或其他原因造成接地短路事故时，接地电流通过接地点向大地流散。在以接地故障点为中心，20 m 为半径的范围内形成分布电位，越是靠近接地点，地面电位越高，当人体踏入地面有电位差的两点之上时，人的两腿就有电流通过而造成触电，如图 1—8 所示。这种触电方式叫作跨步电压触电。相线电压越高，离接地点越近，步子跨得越大，危险性越大。

5. 常见的触电方式

人体的触电方式很多，但从电气线路来看，有两相触电和单相触电两种。

（1）两相触电。人体同时接触两根相线，电流从一根相线经

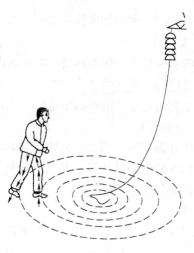

图1—8　跨步电压触电

过人体流到另一根相线，这种触电方式叫作两相触电，如图1—9所示。这时加在人体的电压是线电压380 V，这种情况是最危险的，应采取的安全措施是单线操作。

（2）单相触电。单相触电分电网中性点接地和不接地两种情况，因为这两种情况的触电效果是不同的。

1）中性点接地系统单相触电。当人体碰到某根相线时，电流从相线经过人体，再经过大地回到中性点，如图1—10所示。这时加在人体上的电压是相电压220 V，是很危险的，应采取的安全措施是对地绝缘。

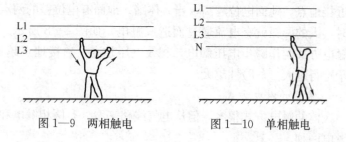

图1—9　两相触电　　　　　图1—10　单相触电

2）单相触电的另一种形式。操作者带电连接导线断头或给负载通路引接电源时，违反带电作业安全规程，两手分别触及导线电源一方和负载一方，人体成为电流通路，如图1—11所示。这是常见的也是很危险的触电方式，应采取的安全措施是先搭成通路再接线。

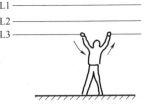

图1—11 单相触电的
另一种形式

6. 触电的预防

电工必须掌握预防触电的相关知识，以免发生触电事故。相关知识如下：

（1）在进行电气设备安装和维修操作时，至少应有两名经过电气安全培训并考试合格的电工人员一起工作，必须严格遵守各项安全操作规程和规定，不得玩忽职守。

（2）操作时要严格遵守停电操作的规定，要切实做好防止突然送电的各项安全措施。如挂上"有人工作，不许合闸！"的警示牌，锁上闸刀或取下总电源熔断器等。不准约定时间送电。

（3）电工在一般的情况下不允许带电作业，在检修电气线路或设备前应先断开电源，并用验电器检验，确认无电后方可进行工作。

（4）在邻近带电部分操作时，要保证有可靠的安全距离。

（5）操作前应仔细检查电工工具的绝缘性能，绝缘鞋、绝缘手套等安全用具的绝缘性能是否良好，有问题的应立即更换，并应定期进行检查。

（6）登高工具必须安全可靠，未经登高训练的，不准进行登高作业。

（7）如发现有人触电，要立即采取正确的抢救措施。

四、触电急救

人触电后，往往会失去知觉或者形成假死现象，能否救治的关键，在于使触电者迅速安全地脱离电源，并及时采取正确的救护方法。因此电工不仅要具有触电急救知识，而且还必须学会触电急救的方法。

1. 人触电后首先使触电者迅速脱离电源

人触电后若能及时拉下开关或拔下插头，应立即采取此种方法切断电源；若无法及时在开关或拔下插头处切断电源时，应采用与触电者绝缘的方法使其脱离电源，如戴上绝缘手套，拉开触电者，或用干燥的木棒、绝缘物等挑开导线，或用有绝缘手柄的钢丝钳剪断电线等。

2. 做好防止摔伤的保护

触电者若在高处作业，应使之在脱离电源的同时，做好防止摔伤的保护措施。

3. 触电者脱离电源后的措施

触电者脱离电源后，应立即进行检查，若是已经失去知觉，则要着重检查触电者双目瞳孔是否已经放大，呼吸是否已经停止，心脏跳动情况如何等。在检查时应使触电者仰面平卧，松开衣服和腰带，打开窗户加强空气流通，但要注意触电者的保暖，并及时通知医务人员前来抢救。

4. 根据初步检查结果，立即采取相应的急救措施

（1）对有心跳而呼吸停止或呼吸不规则的触电者，应采取口对口人工呼吸法进行抢救。

（2）对有呼吸而心脏停跳或心跳不规则的触电者，应采用闭胸心脏按压法进行抢救。

（3）对呼吸及心跳均已停止的触电者，应同时采用口对口人工呼吸法和闭胸心脏按压法进行抢救。

（4）对没有失去知觉的触电者，要使他保持冷静，解除恐惧，不要让他走动，以免加重心脏负担，并及时请医生检查诊治。

（5）有些失去知觉的触电者，在苏醒后会出现突然狂奔的现象，这样可能会造成严重后果，抢救者必须注意。

（6）急救者要有耐心，抢救工作必须持续不断地进行，即使在送往医院的途中也不应停止。有些触电者必须经较长时间的抢救方能苏醒。

5. 触电急救方法

(1) 口对口人工呼吸法。先清除触电者口中的血块、痰液或口沫，急救者深深吸气，捏紧触电者的鼻子，大口地向触电者口中吹气，然后放松鼻子，使之自身呼气，如此重复进行，每次以 5 s 左右为宜，不可间断，直至触电者苏醒为止，方法如图 1—12 所示。

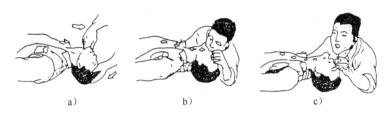

图 1—12　口对口人工呼吸法

a) 触电者平卧姿态　b) 救护人吹气方法　c) 触电者呼气姿态

(2) 闭胸心脏按压法。使触电者伸直仰卧，后背着地处须为结实木板或硬地，注意保持触电者体温，急救者跪跨在触电者臀部位置，右手掌放在触电者的胸上位置，中指指尖位于其颈部凹陷边缘，掌根所在的位置即为正确压区，方法如图 1—13a 所示，然后将左手掌压在右手掌上，方法如图 1—13b 所示，双手指并拢自上而下均衡地用力挤压胸骨下端，使其下陷 3～4 cm，气流如图 1—13c 所示。然后突然放松挤压，要注意手掌不能离开胸壁，依靠胸部的弹性自动恢复原状，如图 1—13d 所示。按照上述步骤连续不断地进行操作，约 60 次/min。挤压时定位须准确，压力要适当，连续进行到触电者苏醒为止。

图 1—13　闭胸心脏按压法

a) 中指对凹膛当胸一手掌　b) 掌根用力向下压　c) 慢慢压下　d) 突然放松

（3）仰卧牵臂法。触电人脸朝上平放，肩胛下垫柔软物品，使头后仰，拉出舌头。救护人跪立在触电人头前，两手分别握住触电人手腕，使他两臂弯曲压在前胸两侧，形成呼吸，然后再将两手拉直伸向头部，形成吸气，反复进行每分钟约 18 次，这种方法适用于年老体弱及孕妇等，方法如图 1—14 所示。

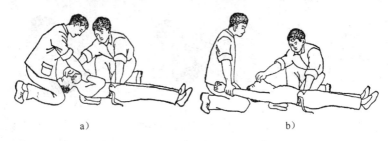

a)   b)

图 1—14　仰卧牵臂法

a）两臂弯曲压在前胸两侧　b）两手拉直伸向头部

模块三　电工识图

　　电气工程图是阐述电气系统的工作原理，描述电气产品的构成和功能，用来指导各种电气设备、电气线路的安装、运行、维护和管理的图样。它是沟通电气设计人员、安装人员、操作管理人员的工程语言，是进行技术交流不可缺少的重要手段。因此，电工必须具备识读电气工程图的能力，以便正确指导安装和检修照明电路。

一、照明电路施工图符号

　　图形符号和文字符号是构成电气工程语言的"词汇"。电气工程图要求采用统一的图形符号，并加注文字符号绘制出来，掌握照明电路施工图的识图，首先要了解电路的图形符号、文字符号、名称及说明，它是识图的基础，照明电路施工图形符号见表1—1。

表 1—1　　　　　　　　　照明施工图形符号

序号	图形符号	名称及说明	序号	图形符号	名称及说明
1	⊗	灯一般符号 信号灯一般符号 如果要求指出颜色，则在靠近符号处标出下列文字符号：RD— 红；YE—黄；GN—绿；BU—蓝；WH—白。 如果要求指出灯的类型，则在靠近符号处标出下列文字符号：IN—白 炽 灯；FL—荧光灯；LED—发光二极管灯	10		单相插座： 一般符号 暗装 密闭（防水） 防爆
2	⊗	投光灯（一般符号）	11		单相带接地三孔插孔： 一般符号 暗装 密闭（防水） 防爆
3	⊗→	聚光灯	12	Ⓣ	闭路电视插座
4	⊗<	泛光灯	13		单极开关： 一般符号 暗装开关
5	⊦——⊣	荧光灯			
6	◖	壁灯	14		双控开关： 一般符号 暗装双控开关 带指示灯暗装双控开关
7	◗	吸顶灯			
8	∞	风扇（一般符号）			
9	∞	吊扇			

序号	图形符号	名称及说明	序号	图形符号	名称及说明
15		三极开关： 一般符号· 暗装 密闭（防水） 防爆	25		壁盒分线箱
			26		预留排风扇接线盒
			27		三极低压断路器
			28		二极低压断路器
16		定时开关	29		户内照明配电箱
17		钥匙开关	30		住户电能表配电箱
18		拉线开关	31		熔断器的一般符号
19		暗装风扇调速开关	32	▼ ±0.00	安装或敷设高度
20		架空交接箱	33		导线根数 （1）表示2根 （2）表示3根数 （3）表示4根数 （4）表示4根数以上
21		壁盒交接箱			
22		分线盒（一般符号）			
23		室内分线盒			
24		分线箱			

序号	图形符号	名称及说明	序号	图形符号	名称及说明
34		导线走向 （1）导线引上，导线引下 （2）导线由上引来，导线引下引来 （3）导线引上并引下 （4）导线由上引来并引下 （5）导线由下引来并引上	35		显出配线的照明引出线
			36	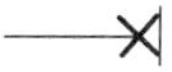	在墙上的照明引出线 （显出来自左边的配线）

二、照明电路施工图

按照国家标准 GB 6988《电气制图》规定，电气工程图应包括：目录、设计说明、图列、设备材料明细表、敷线平面图、设备布置图、电气系统图、安装接线图、电气原理图、位置图和端子接线图等。

1. 设计说明

设计说明（或施工说明）主要阐述电气工程设计的依据、工程的要求和施工的原则、电气安装标准、安装方法、工程等级、工艺要求及有关设计的补充说明等。

2. 图列

图列是用表格的形式列出该系统中使用的图形符号或文字符号，目的是使读者容易看懂图样。通常只列出本套图中所涉及的一些图形符号或文字符号。

3. 设备材料明细表

设备材料明细表只列出该电气工程图所需要的设备和材料的名称、型号、规格和数量，供设计概算和施工预算时参考。但是表中的数量一般只作为估计数，不作为设备和材料的供货依据。

4. 敷线平面图

照明装置的敷线平面图，一般绘出电源进户位置，配电箱位置、线路走向、导线规格、敷设方式和线路用途，各支路编号、导线根数，穿保护管材料、管径，各电器（灯具、插座、开关）的规格、种类、安装位置及高度等。

（1）照明线路的标注方法。敷线平面图是表示电气设备、装置与线路平面布置的图样，是进行电气安装的主要依据。照明线路在平面图中采用线条、图形符号和文字标注相结合的方法，表示出电气元件位置，线路的走向、用途、编号、导线的型号、根数、规格及线路的敷设方式和敷设部位。例如一个卧室敷线平面图表示方法，如图 1—15 所示。

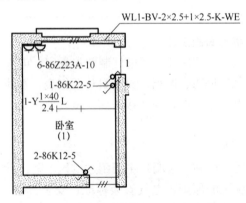

图 1—15　一个卧室敷线平面图表示方法

表示线路敷设方式的文字符号见表 1—2。

表 1—2　　　　　　线路敷设方式的文字符号

序号	名称	文字方法		备注
		单字母	双字母	
1	控制线路	W	WC	
2	直流线路	W	WD	
3	照明线路	W	WL	

序号	名称	文字方法		备注
		单字母	双字母	
4	电力线路	W	WP	
5	应急照明线路	W	WE	或 WEL
6	电话线路	W	WF	
7	广播线路	W	WB	或 WS
8	电视线路	W	WV	或 TV
9	插座线路	W	WX	

1）导线根数的标注方法。只要走向相同，无论导线的根数多少，都可以用一根图线表示一束导线，同时在图线上打上短斜线表示根数；也可以画一根短斜线，在旁边标注数字表示根数，所标注的数字不小于 3，对于 2 根导线，可用一条图线表示，不必标注根数。

2）导线的标注方法。导线的标注方法如下：

$$a-b-c\times d-e-f$$

标注符号表示：a—线路编号；b—导线型号；c×d—导线根数和截面积；e—敷设方式及穿管管径；f—敷设部位。

例如 1：图 1—15 中线路符号 WL1-BV-2×2.5＋1×2.5-K-WE 的含义，WL1—第 1 号照明分支线；BV—导线型号是铜芯塑料绝缘线；共有 3 根导线，其中 2 根规格为 2.5 mm²，另一根中性线为 2.5 mm²；K—配线方式为瓷绝缘子配线；WE—敷设部位为沿墙明敷。

（2）照明器具的标注方法。照明器具的标注方法，用简单明确的施工图文字代号标出了施工方法及安装要求。照明灯具类型符号见表 1—3，照明灯具安装方式符号见表 1—4。

表1—3 照明灯具类型符号

符号	灯具名称	符号	灯具名称	符号	灯具名称
P	普通吊灯	G	工厂一般灯具	LL	局部照明灯
B	壁灯	Y	荧光灯具	SA	安全照明
H	花灯	B	隔爆灯	ST	备用照明
D	吸顶灯	J	水晶底罩灯	EN	密闭灯
Z	柱灯	F	防水防尘灯	EX	防爆灯
L	卤钨探照灯	S	搪瓷伞罩灯	R	筒灯
T	投光灯	Ww	无磨砂玻璃罩万能灯		

表1—4 照明灯具安装方式符号

符号	安装或敷设方式	符号	安装或敷设方式
L	链吊式	X	线吊式
Q	沿墙敷设	B	壁吊式
A	暗敷	D	吸顶式
G	穿钢管敷设	DR	吸顶嵌入式
VG	穿硬塑料管敷设	BR	墙壁嵌入式

1）灯具的一般标注方法。灯具的一般标注方法如下：

$$a-b\frac{c\times d}{e}f$$

2）灯具吸顶安装标注方法。灯具吸顶安装标注方法如下：

$$a-b\frac{c\times d}{-}$$

标注符号表示：a—灯具数；b—类型；c—每套灯具的灯泡（管）数；d—灯泡（管）瓦数（W）；e—安装高度（m）；"-"—吸顶安装；f—安装方式。

例如2：图1—15中 $1-Y\frac{1\times40}{2.4}L$ 灯具的标注方法：1——盏灯，Y—荧光灯具；1×40—每个灯具内装一个40 W的白炽灯；2.4—安装高度为2.4 m；L—链吊式。

3）开关及插座、熔断器的标注方法如下：

a—b—c

标注符号表示：a—设备编号；b—设备型号；c—额定电流。

例如 3：图 1—15 中 2-86K12-5 暗装开关标注方法：2—设备编号；86K12—设备型号；86—面板规格为 86 系列；K12—一位双极开关；5—额定电流为 5 A。

例如 4：图 1—15 中 6-86Z223A-10 插座标注方法：6—设备编号；86Z223A—设备型号；86—面板规格为 86 系列；Z223A—双用两极、两极带接地插座；10—额定电流为 10 A。

5. 设备布置图

设备布置图是表现各种电气设备、装置的平面与空间的位置、安装方式及其相互间尺寸关系的图纸，通常由平面图、立面图、断面图、剖面图及各种构件详图等组成。设备布置图是按三视图原理绘制的。

6. 电气系统图

电气系统图（或框图）用符号或带注解的框图概略表示系统或分系统的基本组成、相互关系及主要特征的一种简图。系统图绘出强电（电力）系统和弱电（广播、电视、电话）系统，从系统图或框图中一般可看出建筑物内的配电情况，如设备容量，计算容量，计算电流，线路系统、导线、开关、熔断器的型号和规格及电线管管径等。例如：室内电视天线与配电系统图，如图 1—16 所示。

7. 电气原理图

电气原理图是用图形符号并按工作原理顺序排列，详细表示电路、设备或成套装置的全部组成和相互之间的关系，而不考虑实际位置的一种简图，电气原理图是分析工作原理的图，例如：一盏灯控制电气原理图，如图 1—17 所示。

8. 安装接线图

安装接线图又称安装配线图，是用来表示电气设备、电气元件和线路的安装位置、配线方式、接线方式、配线场所特征等的图，是用来进行安装接线和检修线路的一种简图。例如：一个卧室的接线示意图，如图 1—18 所示。

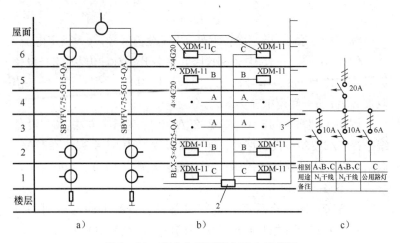

图 1—16　室内电视天线与配电系统图

a）单元电视天线系统图　b）单元配电图　c）MZ 配电箱系统图

1—照明配电箱　2—MZ 总配电箱　3—楼道照明　4—XDM 暗装照明配电箱

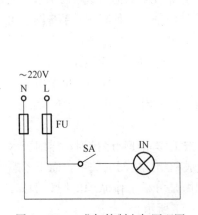

图 1—17　一盏灯控制电气原理图

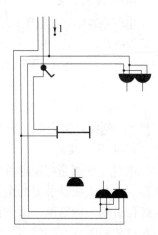

图 1—18　安装接线示意图

9. 位置图

位置图是表示成套装置、设备或装置中各个项目的位置的一种图。

10. 端子接线图

端子接线图是表示成套装置或设备的端子以及接在端子上的

外部接线的一种接线图。

三、电工识图的基本方法

电工识图的一般方法：了解情况先浏览，重点内容反复看；安装方法找图样，技术要求查规范。具体做法：

（1）识图前应阅读施工图的有关说明（包括图样目录、技术说明、器材明细表和施工说明书等）。从设计说明了解工程概况，该图所用的图形符号及文字符号，该工程所需要的设备、材料型号、规格和数量等。

（2）识图时应将敷线平面图、电气系统图、安装接线图、电气原理图等结合起来，敷线平面图找位置，电气系统图或框图找联系，安装接线图找接线位置，电气原理图分析工作原理。将电源配电箱和配电线、用电器具和施工方式逐一理解清楚。这样才容易弄清照明电路施工图的设计意图，正确指导施工和检修。

（3）为了更好地利用电气工程图指导施工，使安装施工质量符合要求，还要阅读有关的施工、验收规范和质量验收评定标准，详细掌握安装技术要求，保证施工质量。

模块四　室内线路导线的选择

导线的选择是根据施工现场特点、用电负荷性质和导线安全载流量等要求，合理地确定导线型号、规格的过程。首先应了解绝缘导线种类、型号、结构和应用范围等，然后再掌握导线的选择。

常用绝缘导线按不同绝缘材料和不同用途可分为：塑料线、塑料护套线、塑料软线、橡皮线、棉线编织橡皮软线（即花线）、橡套软线和铅包线，以及各种电缆线等。其中以塑料线、塑料护套线、塑料软线和橡皮线最为常用。按通用电线可分为绝缘电线（B系列）、绝缘软线（R系列）、通用橡皮软线电缆（Y系列）三大类。

一、导线的结构和应用范围

常用导线的结构和应用范围，见表1—5。

表1—5　　　　　常用导线的结构和应用范围

结构	型号	名称	用途
单根线芯　　塑料绝缘	BV—70	聚氯乙烯绝缘铜芯线	用来作为交直流额定电压为500 V及以下的户内照明和动力线路的敷设导线，以及户外沿墙支架线路的架设导线
多根束绞线芯　　塑料绝缘	BVR	聚氯乙烯绝缘铜芯软线	适用于不作频繁活动场合的电源连接线，但不能作为不固定的或处于活动场合的敷设导线
绞合线　　平行线	RVS—70（或 RFS）　RVB—70（或 RFB）	聚氯乙烯绝缘双根绞合软线（丁腈聚氯乙烯复合绝缘）　聚氯乙烯绝缘双根平行软线（丁腈聚氯乙烯复合绝缘）	用来作为交直流额定电压为250 V及以下的移动电器、吊灯的电源连接导线

结构	型号	名称	用途
棉纱编织层 橡皮绝缘 多根束绞线芯 棉纱层	BXS	棉纱编织橡皮绝缘双根绞合软线（俗称花线）	用来作为交直流额定电压为250 V及以下的电热移动电器（如小型电炉、电烫斗和电烙铁）的电源连接导线
塑料绝缘 塑料护套 2根线芯	BVV—70	聚氯乙烯绝缘护套2根或3根铜芯线	用来作为交直流额定电压为500 V以下的户内外照明和小容量动力线路的敷设导线
橡套或塑料护套 麻绳填芯 橡皮或塑料绝缘 4芯 线芯 3芯	RHF RH	氯丁橡套软线 普通橡套软线	用于移动电器的电源连接导线，或用于插座板电源连接导线，或短期临时送电的电源导线

电气设备用电线型号中各字母和数字都有特定的含义，例如：BV—70，BV表示固定敷设（B），铜芯（T省略），聚氯乙烯绝缘（V）电线，线芯最高的工作温度，塑料绝缘线70℃（橡皮绝缘线为60℃）。

二、常用几种绝缘导线安全载流量

室内线路常用的绝缘导线有塑料绝缘线、橡皮绝缘线、塑料护套线和软导线，塑料绝缘线的安全载流量见表1—6，橡皮绝缘线的安全载流量见表1—7，护套线和软导线的安全载流量见表1—8。

表1—6　　　　　　塑料绝缘线安全载流量　　　　　　（A）

导线截面积（mm²）	线芯股数/单股直径（mm）	铜导线明线安装	穿钢管安装			穿硬塑料管安装		
			一管二根铜芯线	一管三根铜芯线	一管四根铜芯线	一管二根铜芯线	一管三根铜芯线	一管四根铜芯线
1.0	1/1.13	17	12	11	10	10	10	9
1.5	1/1.37	21	17	15	14	14	13	11
2.5	1/1.76	28	23	21	19	21	18	17
4	1/2.24	35	30	27	24	27	24	22
6	1/2.73	48	41	36	32	36	31	28
10	7/1.33	65	56	49	43	49	42	38
16	7/1.70	91	71	64	56	62	56	49
25	7/2.12	120	93	82	74	82	74	65
35	7/2.50	147	115	100	91	104	91	81
50	19/1.83	187	143	127	113	130	114	102

表1—7　　　　　　橡皮绝缘线安全载流量　　　　　　（A）

导线截面积（mm²）	线芯股数/单股直径（mm）	铜芯导线明线安装	穿钢管安装			穿硬塑料管安装		
			一管二根铜芯线	一管三根铜芯线	一管四根铜芯线	一管二根铜芯线	一管三根铜芯线	一管四根铜芯线
1.0	1/1.13	18	13	12	10	11	10	10
1.5	1/1.37	23	17	16	15	15	14	12
2.5	1/1.76	30	24	22	20	22	19	17
4	1/2.24	39	32	29	26	29	26	23
6	1/2.73	50	43	37	34	37	33	30
10	7/1.33	74	59	52	46	51	45	40

导线截面积 (mm²)	线芯股数/单股直径 (mm)	铜芯导线明线安装	穿钢管安装			穿硬塑料管安装		
			一管二根铜芯线	一管三根铜芯线	一管四根铜芯线	一管二根铜芯线	一管三根铜芯线	一管四根铜芯线
16	7/1.70	95	75	67	60	66	59	52
25	7/2.12	126	98	87	78	87	78	69
35	7/2.50	156	121	106	95	109	96	85
50	19/1.83	200	151	134	119	139	121	107

表 1—8　　　　　护套线和软导线安全载流量　　　　　（A）

导线截面积 (mm²)	护套线				软导线		
	两根线芯		三根或四根线芯		一根芯线	两根芯线	
	塑料绝缘铜芯线	橡皮绝缘铜芯线	塑料绝缘铜芯线	橡皮绝缘铜芯线	塑料绝缘铜芯线	塑料绝缘铜芯线	橡皮绝缘铜芯线
0.5	7	7	4	4	8	7	7
0.75					13	10.5	9.5
0.8	11	10	9	9	14	11	10
1.0	13	11	9.6	10	17	13	11
1.5	17	14	10	10	21	17	14
2.0	19	17	13	12	25	18	17
2.5	23	18	17	16	29	21	18
4.0	30	28	23	21			
6.0	37		28				

三、导线的选择

导线的选择，一是根据应用场合确定导线种类、型号，二是根据用电量的大小确定导线的规格，确定导线规格实际就是确定导线横截面积，导线横截面积简称导线截面积，用 S 表示。确定导线截面积，一般应考虑发热条件、电压损失校验、机械强度校验等因素，室内线路主要考虑发热条件、电压损失校验。

1. 按发热条件选择导线截面积

发热条件应包括导线的允许载流量、散热条件和环境温度等。

（1）导线安全载流量。导线的安全载流量也称导线的允许载流量，它是指导线的工作温度不超过 65℃ 时，可长期通过的最大电流值。一般绝缘导线的最高允许工作温度为 65℃，若超过这个温度，导线的绝缘层就会迅速老化，变质损坏，甚至引起火灾。

负荷是指电气设备和线路中的电流或功率，满负荷是指负荷达到了电气设备铭牌所规定的数值，一般指电气设备的额定负荷，计算负荷是指一定时间内用电设备实际最大负荷，选择导线要考虑线路计算负荷电流的大小，基本原则：

导线允许载流量≥线路负荷计算电流

不同敷设方式下选用绝缘导线允许载流量可根据表 1—6 至表 1—8 或查阅电工手册获得。

（2）散热条件和环境温度。由于导线的工作温度除与导线通过的电流有关外，还与导线的散热条件和环境温度有关，同一导线采用不同的敷设方式，或处于不同的环境温度时，其允许载流量也不相同。当环境温度低于 25℃ 时，可将导线的允许载流量适当放宽到 110%～120%，当环境温度在 25～40℃ 时，可将导线的允许载流量适当紧缩到 80%～90%，当环境温度高达 50℃ 以上时，导线允许载流量应减半。

2. 电压损失校验

线路的电压损失的大小取决于导线电阻的大小，导线电阻大小与导体的材料、长度和截面积有关。因为，配线线路越长，导线截面积过小，会造成电压损失过大，这样会使用电电器功率不足，甚至发热烧毁，电灯发光效率也大大降低。所以，相关标准对用电设备的受电电压作了如下的规定：电动机的受电电压不应低于额定电压的 95%；普通照明灯的受电电压不应低于额定电压的 95%。室内配线的电压损失允许值，要视电源引入处的电压值而定，损失值应该确保受电电压达到规定值。

第二单元　电工基本操作

模块一　电工常用工具的使用

电工常用工具有低压验电器、电工钳、电工刀、螺钉旋具、活扳手等，一般将工具集中放在电工工具夹内，便于随身携带和工作使用。

一、验电器

验电器是用来检验导线、电器和电气设备是否带电的检测工具。验电器分低压验电器和高压验电器两种，室内照明装置安装时主要使用低压验电器。

1. 低压验电器

低压验电器的常用类型有旋具式、数字式、笔式三种，如图2—1a所示，其中笔式验电器的结构如图2—1b所示。验电器是检验导线和电气设备是否带电的电工常用工具，一般使用的是低压验电器，其测量范围为60～500 V。

2. 低压验电器的使用方法

当用低压验电器测带电体时，电流经带电体、低压验电器、人体及大地形成回路，如带电体与大地之间的电位差超过60 V，低压验电器中的氖泡就会发光。低压验电器测试电压范围为60～500 V。低压验电器使用时必须按照如图2—2所示方法握妥，即以手指触及笔尾的金属体，并使氖泡小窗背光朝向自己，以便观察。

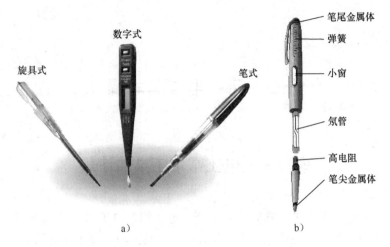

图 2—1 低压验电器

a）常用低压验电器 b）笔式验电器结构

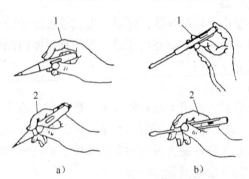

图 2—2 低压验电器的使用方法

a）笔式握法 b）螺钉旋具式握法

1—正确握法 2—错误握法

3. 低压验电器的作用

（1）区别电压高低。测试时可根据氖管发光的强弱来估计电压的高低。

（2）区别相线和中性线（或称零线）。在交流电路中，当验电器触及导线时，氖管发光的即为相线，正常情况下，验电器触及零线是不会发光的。

（3）区别直流电与交流电。交流电通过验电器时，氖管里的两个极同时发光；直流电通过验电器时，氖管里的两个极只有一个发光。

（4）区别直流电的正、负极。把验电器连接在直流电的正、负极之间，氖管中发光的一极即为直流电的负极。

（5）识别相线碰壳。用验电器触及电动机、变压器等电气设备的外壳时，氖管发光，则说明该设备相线有碰壳现象。如果壳体上有良好的接地装置，氖管是不会发光的。

（6）识别相线接地或断线。用验电器触及正常供电的星形接法三相三线制交流电时，有两根比较亮，而另一根不亮，则说明这不亮的一根相线与地短路或断线。

4. 验电器使用的注意事项

（1）验电器使用前应在已知带电体上测试，证明验电器确实良好方可使用。

（2）使用时应使验电器逐渐靠近被测物体，直到氖管发亮，只有在氖管不发亮时，人体才可以与被测物体试接触。

二、螺钉旋具

螺钉旋具是一种用于紧固和拆卸螺钉的工具。螺钉旋具的式样和规格很多，按头部形状可分为一字形和十字形两种，按头部金属材料分为不带磁性和带磁性两种，如图 2—3a、图 2—3b、图 2—3c、图 2—3d 所示。带磁性的螺钉旋具可以吸住待拧紧的螺钉，能准确定位，使用方便，目前较为广泛地用于紧固和拆卸铁螺钉。电工不可使用金属杆直通柄顶或金属杆与手柄不绝缘的螺钉旋具，为了避免在使用时手触及螺钉旋具的金属杆，或金属杆触及邻近带电体，应在金属杆上加套绝缘管。

使用螺钉旋具紧固和拆卸螺钉时，首先要正确选用螺钉旋具的类型和尺寸，使用时，除大拇指、食指和中指要夹住握柄外，手掌还要顶住柄的末端，这样可防止螺钉旋具旋转时滑脱，使用方法如图 2—3e、图 2—3f 所示。选用螺钉旋具的类型和尺寸时，注意螺钉旋具刃口（宽厚）与螺钉尾槽应配合适当，如图 2—3g 所示。

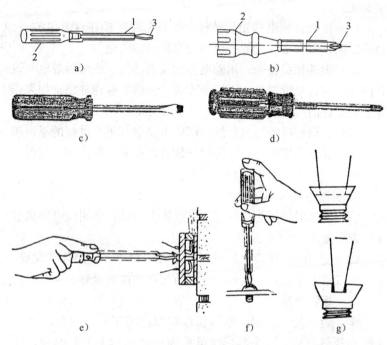

图 2—3　螺钉旋具和使用方法

a）一字形　b）十字形　c）一字磁性　d）十字磁性　e）大螺钉旋具的用法
f）小螺钉旋具的用法　g）螺钉旋具刃口（宽厚）与螺钉尾槽应配合适当
1—绝缘套管　2—握柄　3—头部

三、电工钳

1. 钢丝钳

钢丝钳是一种钳夹和剪切工具，由钳头和钳柄组成。钳头上的钳口用来弯铰或钳夹导线线头；齿口用来旋动螺母；刀口用来剪切导线或剖削软导线绝缘层；铡口用来铡切较硬的线材，其构造和使用方法如图 2—4 所示。

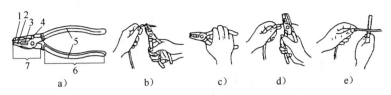

图2—4　钢丝钳的构造及使用方法

a）构造　b）弯铰导线　c）紧固螺母　d）剪切导线　e）铡切钢丝

1—钳口　2—齿口　3—刀口　4—铡口　5—绝缘管　6—钳柄　7—钳头

2．剥线钳

剥线钳是用来剥离 6 mm^2 以下塑料或橡皮电线的绝缘层。由钳头和手柄两部分组成，如图 2—5 所示。钳头部分由压线口和切口构成，有直径 0.5～3 mm 的多个切口，以适应不同规格的线芯。使用时，电线必须放在大于其线芯直径的切口上切剥，否则会切伤线芯。

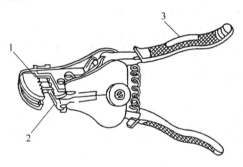

图 2—5　剥线钳

1—刀口　2—压线口　3—钳柄

3．尖嘴钳

尖嘴钳的头部尖细，适用于在狭小的工作空间操作，其外形如图 2—6 所示。

4．断线钳

断线钳专门用于剪断较粗的金属丝、线材及导线电缆，其外形如图 2—7 所示。

图 2—6 尖嘴钳　　　　　图 2—7 断线钳

四、电工刀

电工刀是用来剥削或切割
电工器材的常用工具，结构如
图 2—8 所示。使用时，刀口应
朝外进行操作；用毕，应随即
把刀身折入刀柄内。电工刀的
刀柄结构是没有绝缘的，不能
在带电体上使用电工刀进行操
作，以免触电。

图 2—8 电工刀

电工刀的刀口应在单面上磨出呈圆弧状的刀口。在剥削绝缘
导线的绝缘层时，必须使圆弧状刀面贴在导线上进行切割，这样
刀口就不容易损伤线芯。

五、活扳手

活扳手是用来紧固和起松螺母的一种专用工具。活扳手的结
构及使用如图 2—9 所示。电工常用的活动扳手有 150 mm×
19 mm（6 in）、200 mm×24 mm（8 in）、250 mm×30 mm
（10 in）、300 mm×36 mm（12 in）四种规格。

六、电工工具夹

电工工具夹是电工盛装随身携带最常用工具的器具，形状如
图 2—10 所示，电工工具夹有插装一件、三件和五件工具的多种
形式。电工工具夹使用时，用皮带系结在腰间，放在右侧臀部

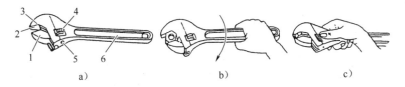

图 2—9　活扳手的结构及使用

a）活扳手的结构　b）扳动较大螺母时的握法　c）扳动较小螺母时的握法

1—活扳唇　2—扳口　3—呆扳唇　4—蜗轮　5—轴销　6—手柄

处，以便于随手取用。

七、冲击钻

冲击钻是一种主要用于对钢结构件和混凝土砖墙进行钻孔的手持式电动工具，它具有两种功能：一种是在使用之前，在冲击钻的钻头夹上安装麻花钻头，用时把调节开关调到标记为"钻"的位置，可作为普通手电钻使用；另一种可用于冲打混凝土砖墙建筑面的钻孔，用来安装塑料胀管、

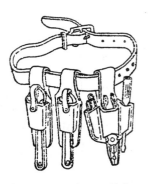

图 2—10　电工工具夹

金属胀管和导线穿墙孔等，使用之前将冲击钻的钻头夹上安装冲击钻头或称合金钻头，用时应把调节开关调到标记为"锤"的位置。

1. 冲击钻的结构

冲击钻和钻头如图 2—11 所示。

2. 冲击钻使用时的注意事项

（1）在防止触电保护方面，不仅依靠冲击钻本身的基本绝缘，还应采取一些安全预防措施，如使用时线路安装漏电保护器、操作者戴绝缘手套、穿绝缘鞋等。

（2）在安装钻头之前，一定要将电源开关断开，以免因不慎误压开关，电钻通电旋转而发生事故。

（3）为了保证安全，在使用之前要检查电源线和插头是否完好无损，通电后用验电器检查外壳是否漏电。

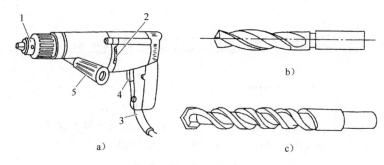

图 2—11　冲击钻和钻头

a）冲击钻外形　b）麻花钻头　c）冲击钻头（合金钻头）

1—钻头夹　2—锤、钻调节开关　3—电源引线　4—电源开关　5—把柄

（4）在使用冲击钻钻孔时，手握冲击钻要端稳，不可上下左右摆动过快，防止钻头折断。

（5）在使用冲击钻钻孔时，应经常把钻头拔出，以利排屑；在钢筋建筑物上钻孔时，遇到坚硬物不应施加过大压力，以免钻头退火。

八、登高工具梯子的使用

电工在登高作业时，要特别注意人身安全。登高工具必须牢固可靠，才能保障登高作业的安全。未经现场训练过的，或患有精神病、严重高血压、心脏病和癫病等疾病者，均不能参加登高作业。室内照明装置安装经常用到的登高工具是梯子，电工常用的梯子有直梯和人字梯两种，如图 2—12a 和图 2—12b 所示。前者通常用于户外登高作业，后者通常用于户内登高作业。

登高作业的注意事项：

（1）在使用梯子之前要检查是否有虫蛀及折裂现象，直梯的两脚应各绑扎胶皮之类的防滑材料，人字梯应在中间绑扎两道防止自动滑开的安全绳。

（2）电工在梯上作业时，为了扩大人体作业的活动幅度和保证不致用力过度而站立不稳，必须按如图 2—12c 所示的姿势站立。在人字梯上作业时，切不可采取骑马的方式站立，以防人字梯两脚自动分开，造成严重工伤事故。

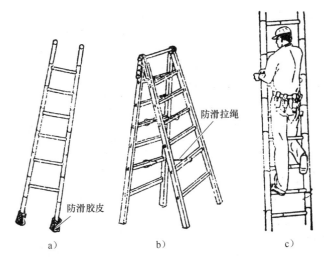

图 2—12 电工用梯

a）直梯 b）人字梯 c）电工在梯子上作业的站立姿势

防滑拉绳

防滑胶皮

a)   b)   c)

模块二 电工常用仪表的使用

一、万用表

万用表（又称万能表或多用表）是一种多用途、多量限的仪表。一般的万用表能测量交流电压、直流电压、直流电流及电阻。万用表主要由磁电系直流微安表、测量线路、转换开关三部分组成，万用表的外形如图 2—13a 所示，万用表构成及简单测量原理如图 2—13b 所示。

1. 万用表的使用方法

（1）测量电压的方法

1）测量交流电压。将转换开关转到"V"符号，测量交流电压时将两根表笔并接在被测电路的两端，不分正负极；所需量程由被测量的电压的高低来确定。如果完全无法估计被测量的电压值，可选用最高测量挡位，指针若偏转很小，再逐级调低到合

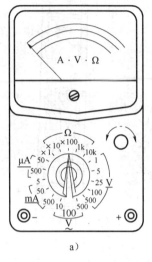

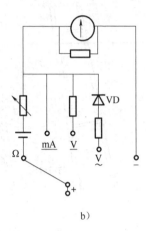

图 2—13　万用表

a) 万用表的外形　b) 万用表简单测量原理

适测量范围。

2) 测量直流电压。将转换开关转到 "V" 处，测量直流电压时正负极不能搞错，"＋" 插口的表笔接至被测电压的正极，"一" 插口的表笔接至被测电压的负极，不能接反，否则指针会因逆向偏转而被打弯。如果无法确定被测电压的正负极，可选用较高测量挡位，用两表笔快速碰触测量点，看清表针的指向，找出被测电压的正负极。

（2）测量直流电流。将转换开关转到 "mA" 或 "μA" 符号的适当量程位置上，然后按电流从正到负的方向，将万用表串联到被测电路中。

（3）测量电阻。将转换开关转到 "Ω" 符号的适当量程位置上，先将两表笔短接，旋动调零旋钮，使表针指在电阻刻度的 "0" Ω上，然后用表笔测量电阻。面板上 ×1、×10、×100、×1 k 的符号表示倍率数，用表头的读数乘以倍率数，就是所测量电阻的阻值。

2. 万用表使用的注意事项

（1）测量前需检查转换开关是否拨在所测挡位上，不得放错。

（2）万用表使用时必须水平放置以免造成误差。

（3）测量直流电流、电压时要注意万用表的极性，以免发生指针反偏，损坏仪表。

（4）测量电阻前，应先进行"欧姆调零"，被测电路应先断开电源，不得测量"带电的电阻"。

（5）无法确认被测量值范围时，应先用最高量限进行测量，再根据指针位置将开关拨到合适的量限上进行测量，所选用的倍率挡或量限挡应使指针处于表盘标尺的中间偏右段。

（6）在测量电流或电压时，不得带电转动转换开关。

（7）操作人员身体不得接触万用表的金属裸露部分，以免出现测量误差及触电事故。

（8）测量完毕，应将转换开关转到交流电压最高挡，防止下次使用造成万用表的损坏。

二、绝缘电阻表

绝缘电阻表俗称兆欧表，绝缘电阻表是一种专门用来测量电气设备绝缘电阻的便携式仪表，在电气设备安装、检修和试验中得到广泛应用，其外形如图 2—14a 所示。

常用绝缘电阻表主要由磁电系比率表、手摇直流发电机、测量线路三大部分组成。磁电系比率表的特点是，其指针的偏转角与通过两动圈电流的比率有关，而与电流的大小无关。

绝缘电阻表一般有 500 V、1 000 V、2 500 V、5 000 V 四种，使用时要求与被测电气设备工作电压相适应。

1. 绝缘电阻表的使用

使用时，应放平表身，接上两根表棒的导线，不可使两根导线绞在一起，表棒导线的绝缘性能要好。先把两表棒接触，手柄轻摇几圈，表针应该指到"0"位，接着分开两根表棒快摇几圈，表针应接近"∞"位，验明绝缘电阻表完好后，即可进行测量；测量线路绝缘电阻的接线方法如图 2—14b 所示，测量电动机绝缘电阻的接线方法如图 2—14c 所示，测量电缆的接线方法如图 2—14d 所示；进行测量时，摇动绝缘电阻表手柄应由慢到快，速度要均匀，保持 120 r/min，待指针稳定指示后再读数。

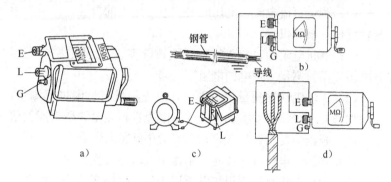

图 2—14　绝缘电阻表

a）外形　b）测量线路绝缘电阻的接线方法

c）测量电动机绝缘电阻的接线方法　d）测量电缆的接线方法

E—接地接线柱　L—接线路接线柱　G—保护环（接屏蔽层）接线柱

2. 绝缘电阻表的使用注意事项

（1）测量前被测设备必须切断电源，并将其对地进行充分放电。

（2）测量前还须对绝缘电阻表进行一次"开路"和"短路"试验，检查绝缘电阻表是否良好。

（3）绝缘电阻表与被测设备的连线必须用单股线分开单独连接，以免引起误差。

（4）在测电容或电缆的绝缘电阻时，读数后应先把表线取下后再停止摇动手柄，以免损坏仪表。在对电容或电缆线路测量前后都应及时进行放电处理。

（5）这种便携式电工指示仪表的精度不高，不能用于电气试验、精密测量及仪表鉴定。

三、接地电阻摇表

1. 接地电阻摇表的结构

接地电阻摇表是一种专门测量接地装置接地电阻阻值的便携

式仪表。接地电阻摇表及其附件如图 2—15 所示。

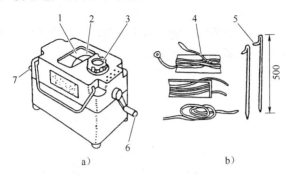

a) b)

图 2—15 ZC—8 型接地电阻摇表

a) 接地电阻摇表 b) 使用附件

1—表头 2—细调拨盘 3—粗调旋钮 4—连接线

5—测量接地棒 6—摇柄 7—接线柱

2. 接地电阻摇表的使用方法

接地电阻摇表的使用方法如图 2—16 所示。

（1）拆开接地干线与接地体的连接点或拆开接地干线的所有接地支线的连接点。

（2）把一根测量接地棒插入离接地体 40 m 远的地下，把另一根测量棒插入离接地体 20 m 的地下，两根接地棒均需垂直插入地面 400 mm 深。

（3）把测试仪置于接地体附近平整的地方，然后进行接线，用一根最短的连接线连接测试表上接线端子 E 和接地装置的接地体，用一根最长的连接线连接测试表上接线端子 C 和一根 40 m 远的接地棒。再用一根较短的连接线连接测试表上原已联并的接线端子 P—P 和一根 20 m 远的接地棒。

（4）根据被测接地体的接地电阻要求，调节好粗调旋钮（上有三挡可调范围）

（5）以 120 r/min 的速度均匀地摇动手柄，当表针偏斜时，随即调节细调拨盘，直至表针至居中位置为止，以细调拨盘定位后的读数，去乘以粗调定位的倍数，即是被测接地体的接地电阻。例如细调读数为 0.4，粗调定位倍数是乘 10，则被测的接地电阻是 4 Ω。

（6）为了保证所测接地电阻的可靠，应移动两根接地棒，换一个方向进行复测。一般每次所测电阻值不会完全一致，最后确定的数值，可取几个测得值的平均值。

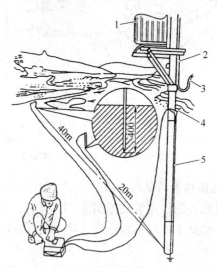

图 2—16 ZC 型接地电阻摇表的使用方法
1—变压器 2—接地线 3—断开线 4—连接处 5—接地干线

四、钳形电流表

钳形电流表简称钳形表或俗称卡表，是一种携带方便、可在不停电时测量电路中电流的仪表，它分为交流钳形表和交直流钳形表两类。交直流钳形表可测量交流和直流电流，但因其构造复杂、成本高，所以现在使用的大多是交流钳形表。

1. 钳形电流表构造及使用方法

钳形电流表是一种特制电流互感器，它的铁心用绝缘柄分开，可卡住被测量的母线或导线，装在钳体上的电流表接到铁心的二次绕组两端。常用的钳形表有 T-301 型钳形电流表，其外形和使用方法如图 2—17a、图 2—17b 所示，将钳口开关 4 压向手

柄 3，使铁心 1 张开，将被测导线 2 卡入其中，松开钳口开关 4
后即可直接读出被测电流的大小，钳形电流表内部构造原理图如
图 2—17c 所示。

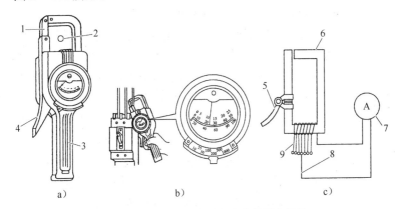

图 2—17　T-301 型钳形电流表外形和结构

a）外形　b）使用方法　c）内部结构示意

1、6—铁心　2—被测导线　3—手柄　4、5—钳口开关

7—电流表头　8—调节开关　9—二次绕组

2. 钳形电流表的使用注意事项

（1）钳形电流表不允许测高压线路的电流，被测线路的电压
不得超过钳形电流表所规定的数值，以防绝缘击穿，造成触电
事故。

（2）使用时，将量程开关转到合适位置，手持胶把手柄，用
食指钩钳口开关便可打开铁心，将被测线路置于钳口中央。

（3）测量前先估算电流的大小并选择适当的量程，不能用小
量程测量大电流。不了解所测电流大小时，应先用较大量程粗
测，然后视被测电流的大小减小量程，以求准确测量。改变量程
时，必须将被测导线退出钳口，不能带电旋转量程开关。

（4）每次测量只能钳入一根导线，如果测量一根直导线的
电流，可将导线放置在钳口中间。由于钳形电流表量程较大，
在测量小电流时读数困难，误差大，为克服这个缺点，可将导

线在铁心上绕几匝，再将读得的电流数除以匝数，即得到实际电流值。

（5）不能用于测量裸导线电流的大小，以防触电。

五、电工常用仪表的维护与保养

（1）搬动和使用仪表时，不能撞击和振动，应轻拿轻放，以保证仪表测量的准确性。

（2）应保持仪表的清洁，使用后应用细软洁净布擦拭干净。不使用时应放置在干燥的箱柜里保存。避免因潮湿、曝晒以及腐蚀性气体对仪表内部线圈和零件造成霉断及接触不良等损坏。

（3）仪表应设专人保管，其附件和专用线应保持完整无损。

（4）常用电工仪表应定期校验，以保证其测量数据的精度。

（5）有内置电池的仪表长期不用时应将电池取出。

（6）使用和存放都要远离强磁场。

模块三 导线的连接与绝缘恢复

一、导线绝缘层的去除

导线要进行电连接，就要去除线头的绝缘层。导线线头的连接处要具有良好的导电性能，接触电阻不能过大，否则通电后连接处要发热。因此，线头绝缘层要清除得彻底干净，使导线之间有良好的电接触。

1. 塑料硬线绝缘层的剖削

用剥线钳剥离塑料层固然方便，但电工必须学会用钢丝钳或电工刀剥离绝缘层。用钢丝钳剥离的方法，适用于线芯截面积 2.5 mm^2 及以下的塑料线。具体操作方法：根据线头所需长度，用钳头刀口轻切塑料层，不可切到线芯，然后右手握住钢丝钳头部用力向外勒去塑料层。与此同时，左手把紧电线反向用力配合动作，如图 2—18 所示。

对于芯线截面积大于 4 mm² 的塑料线，可用电工刀来剖削绝缘层，具体操作方法是：根据所需的长度，用刀口以 45°倾斜角切入塑料绝缘层，不可切到线芯，如图 2—19a 所示，接着刀面与线芯保持 15°左右的角度，用力向外削出一条缺口，如图 2—19b 所示，然后将绝缘层剥离芯线，反方向扳转，用电工刀切齐，如图 2—19c 所示。

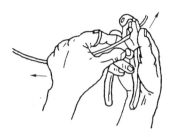

图 2—18　钢丝钳剖削塑料硬线绝缘层

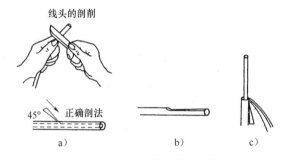

线头的剖削

45°　正确剖法

a)　　　　　　b)　　　　　c)

图 2—19　用电工刀剖削硬塑料导线的方法

2. 塑料软线绝缘层的剖削

塑料软线绝缘层的剖削要用剥线钳或钢丝钳剥离，不可用电工刀剥离，因其容易切断线芯。用钢丝钳剥离塑料软线绝缘层的方法与塑料硬线绝缘层的剖削的方法相同。

3. 塑料护套线绝缘层的剖削

塑料护套层用电工刀来剥离，具体操作方法是：按所需长度用刀尖在线芯缝隙间划开护套层，如图 2—20a 所示，然后反方向扳转，用刀口切齐，如图 2—20b 所示。绝缘层的剖削方法和塑料线绝缘层的剥削方法相同，但绝缘层的切口与护套层的切口间应留有 5～10 mm 距离。

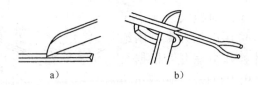

a)   b)

图 2—20　塑料护套线的剖削方法
a) 在两线芯的中间划破护套层　b) 扳转护套层并在根部切开

4. 橡皮线绝缘层的剖削

橡皮线绝缘层的剖削，先把编织保护层用电工刀尖划开，与剥离护套层的方法类同。然后，用与剥离塑料线绝缘层相同的方法剥去橡胶层，最后将松散棉纱层退至根部，用电工刀切去。

5. 花线绝缘层的剖削

花线绝缘层的剖削，因棉纱织物保护层较软，可用电工刀四周割切一圈后拉去，然后按剥削橡皮线的方法进行剥削，如图 2—21 所示。

a)   b)

图 2—21　花线绝缘层的剖削
a) 将棉纱层松开　b) 割断棉纱

6. 橡套软线绝缘层的剖削

橡套软线俗称橡皮软线。因它的护套层呈圆形，不能按塑料护套线的方法来剖削。其剖削方法如下：

（1）用电工刀从橡皮软线端头任意两芯线缝隙中割破部分橡皮护套层，如图 2—22a 所示。

（2）把已分成两半的护套层反向分拉，撕破护套层，如图 2—22b 所示。当撕拉难以破开护套层时，再用电工刀补割，直到所需长度为止。

（3）扳翻已被分割的橡皮护套层，在根部分别切断，如图 2—22c 所示。

（4）由于这种橡皮软线一般均作为电源引线，受外界的拉力较大，故在护套层内除有芯线外还有 2～5 根加强麻线。这些麻线不应在橡皮护套层切口根部同时剪去，应扣结加固，如图 2—22d 所示。扣结后的麻线余端应固定在插头内的防拉压板中，使这些麻线来承受外界拉力，保证导线端头不遭破坏。

（5）每根芯线的绝缘层按所需长度用塑料软线的剖削方法进行剖削，如图 2—22e 所示。

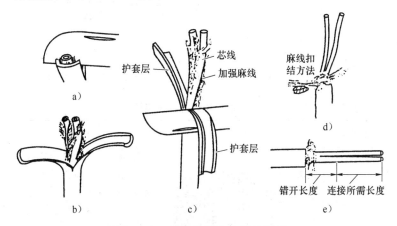

图 2—22　橡套软线绝缘层的剖削

7. 铅包线护套层和绝缘层的剖削

先用电工刀把铅包层切割一刀，然后用双手分左、右、上、下扳折切口处，铅层便会沿切口折断，就可把铅层套拉出，如图 2—23 所示。绝缘层按塑料线的剖削方法进行剖削。

二、导线连接的方法

1. 铜芯线线头的连接方法

当导线不够长或要分接支路时，就要进行导线与导线的连接。常用导线的芯线有单股、7 股和 19 股等多种，连接方法随芯线的股数不同而异。

（1）单股铜芯导线的直线连接。单股铜芯导线的直线连接操作步骤见表 2—1。

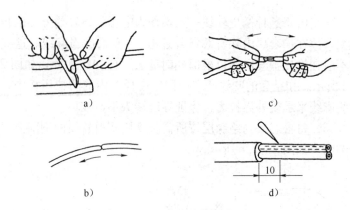

图 2—23　铅包线剖削方法

a）按所需长度切入　b）扳折铅层断口　c）拉出线头铅包层　d）剖削绝缘层

表 2—1　　　　　　　　单股铜芯导线的直线连接

操作步骤	图示	操作说明
1. 去除线头的绝缘层		用剥线钳或钢丝钳剥离截面 1.5 mm²、2.5 mm²、4.0 mm² 规格的塑料单股铜芯线 （1）选择好所需线头长度，用钢丝钳钳口轻轻切破塑料层，此时用力要轻，不可切伤芯线 （2）用左手拉紧导线，右手握住钳头向外用力拉去绝缘层即可，操作方法同导线的基本加工之绝缘层的去除 提示：（1）绝缘剖削长度一般为芯线直径的 70 倍左右 （2）如导线受损需重新剖削 （3）剥削软线绝缘层不可用电工刀，因容易切伤芯线

操作步骤	图示	操作说明
2. 两端线头铰接	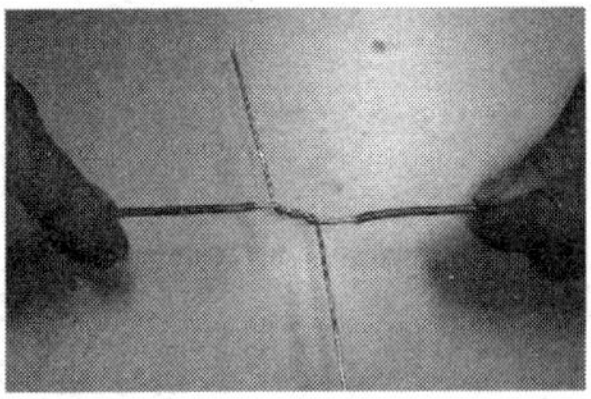	将砂纸对折,夹住线芯去除氧化层,把两线头进行X形交叉,互相铰接2～3圈
3. 缠绕芯线、钳平末端	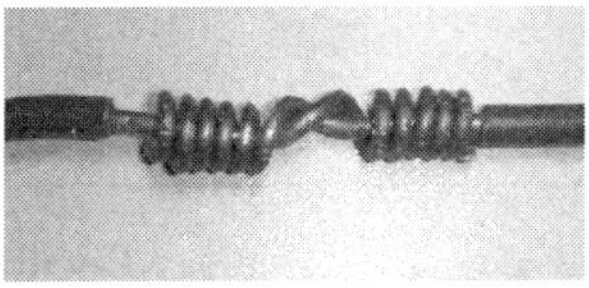	扳直两端的线头,将每个线头在芯线上贴紧并缠绕5～6圈,用钢丝钳剪掉剩余的芯线,并钳平线芯末端

（2）单股铜芯导线的T形分支连接方法。单股铜芯导线的T形分支连接操作步骤见表2—2。

表 2—2 　　　　单股铜芯导线的T形分支连接

操作步骤	图示	操作说明
1. 去除线头的绝缘层	参见表2—1的步骤1	去除线头的绝缘层操作方法参见表2—1
2. 两端线头铰接	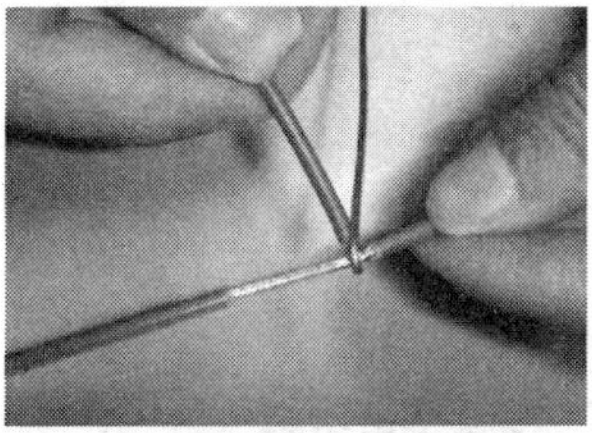 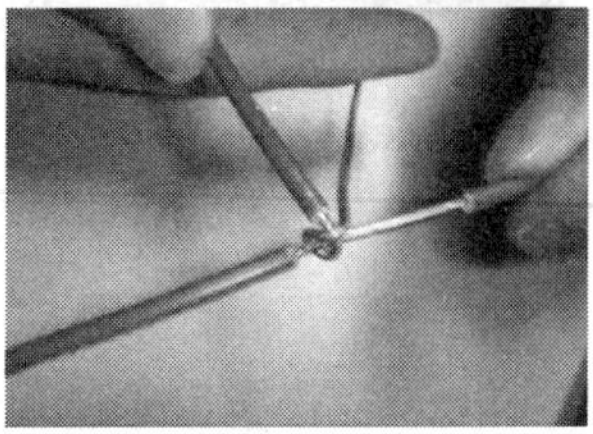	将砂纸对折,夹住线芯去除氧化层,把支线芯线与干线芯线十字相交,使支线芯线根部留出3～5 mm 对于较小截面的芯线,环绕成结状

操作步骤	图示	操作说明
3. 缠绕芯线、钳平末端	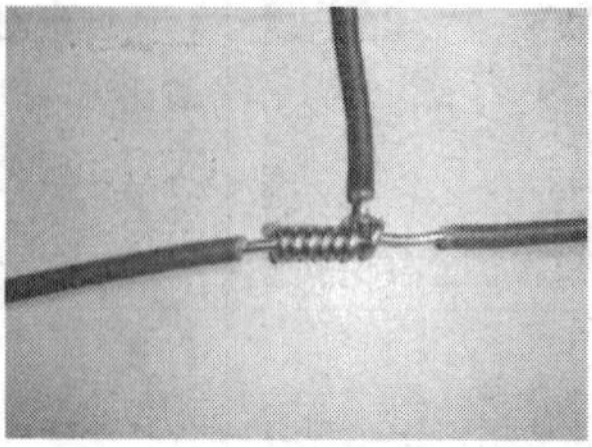	把支线线头抽紧扳直，然后紧密缠绕到干线芯线上，缠绕长度为芯线直径的8～10倍 对于截面积较大的芯线可在十字相交后直接缠绕到干线芯线上 提示：缠绕时必须紧密、牢固

（3）7股铜芯导线的直线连接方法。七股铜芯导线的直线连接操作步骤见表2—3。

表 2—3　　　　　　　七股铜芯导线的直线连接

操作步骤	图示	操作说明
1. 去除线头的绝缘层	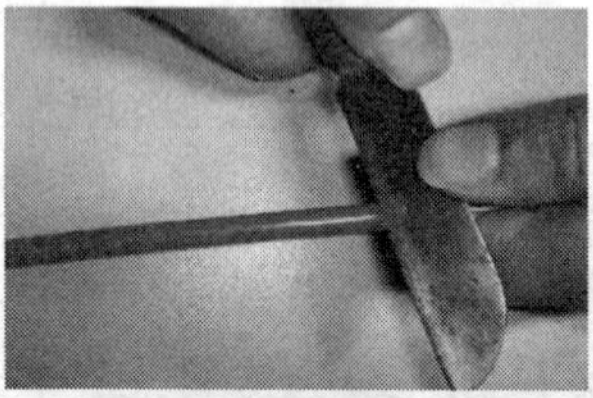 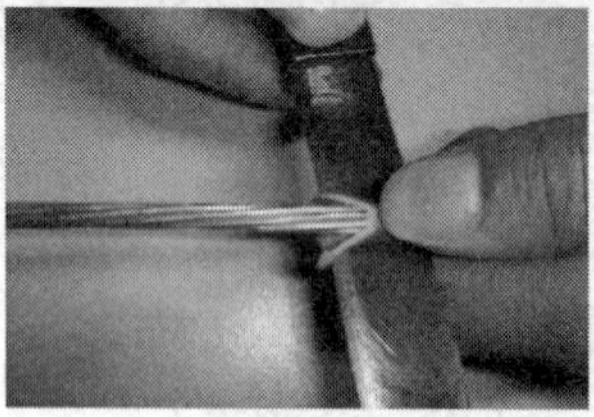	用电工刀剖削芯线截面积大于4.0 mm² 规格的塑料单股或多股铜芯线 （1）根据所需线头的长度将刀口以45°角切入塑料层 （2）将刀面与芯线保持15°角左右，用力向外削出一条缺口 （3）将被剖开的绝缘层向后扳翻，用电工刀齐根部切去 提示：（1）绝缘剖削长度应为导线直径的21倍左右 （2）电工刀使用后，刀身及时折入刀柄内，以免刀刃受损或伤人

操作步骤	图示	操作说明
1. 去除线头的绝缘层	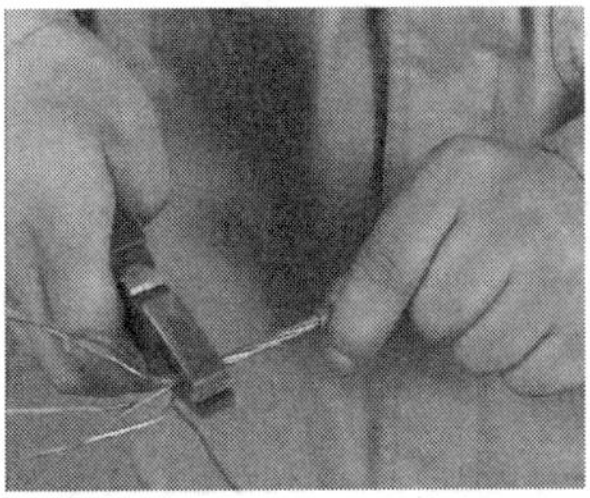	（3）把芯线散开并拉直，把靠近根部的1/3线段的芯线绞紧，把余下的2/3芯线头分散成伞形，并将每根芯线拉直
2. 伞形芯线头对叉	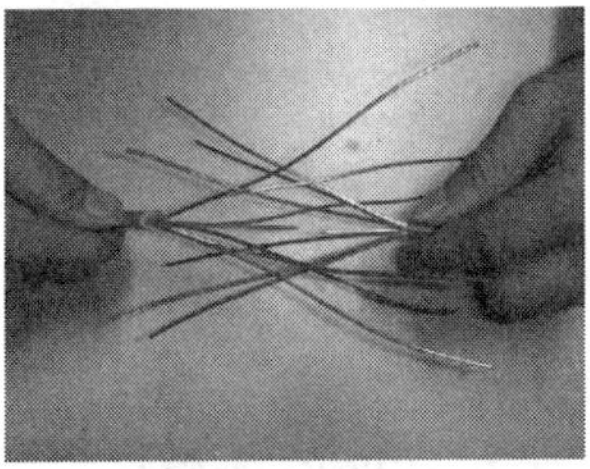	将砂纸对折，夹住线芯去除氧化层，把两个伞形芯线头隔根对叉，并捏平两端每股芯线
3. 分组缠绕芯线	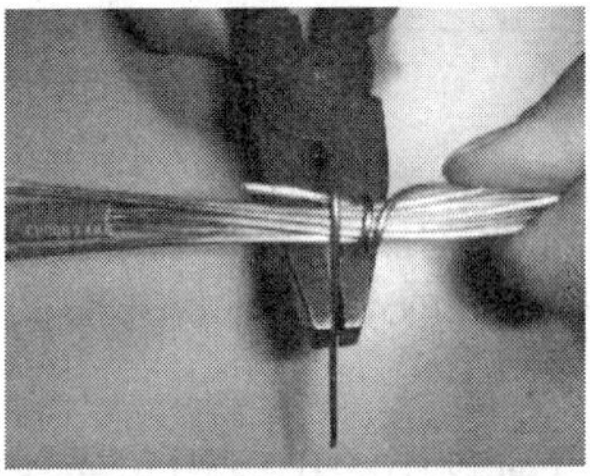 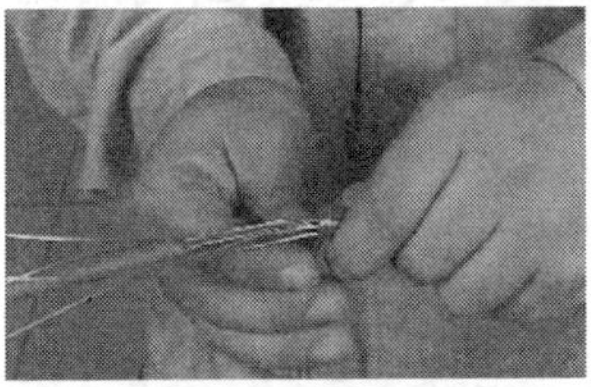 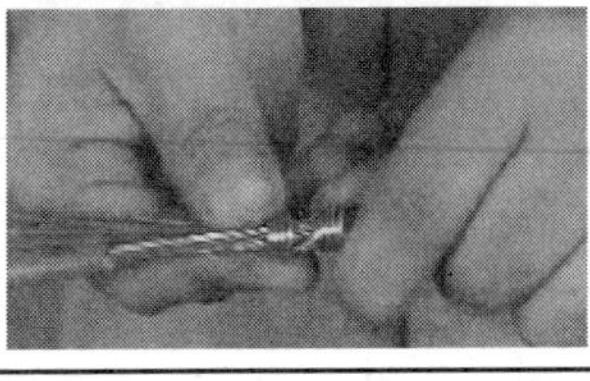	（1）把其中一端7股芯线按2、2、3根分成三组，接着把第一组2根芯线扳起，垂直于芯线并按顺时针方向缠绕 （2）缠绕2圈后扳平余下的芯线，再将第二组2根芯线向上扳直，按顺时针方向紧紧压着前2根扳直的芯线缠绕 （3）缠绕2圈后扳平余下的芯线，将第三组的3根芯线扳直，按顺时针方向压着前4根扳直的芯线缠绕

操作步骤	图示	操作说明
4. 切除多余芯线	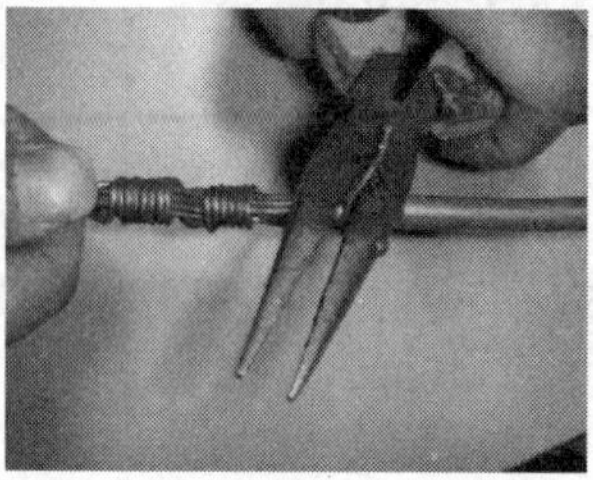	切去每组多余的芯线，钳平线端
5. 缠绕另一端		用同样的方法再缠绕另一端芯线，连接完毕

2. 铝芯导线的连接

由于铝极易氧化，且铝氧化膜的电阻率很高，所以铝芯导线不宜采用铜芯导线的方法进行连接，铝芯导线常采用螺钉压接法和压接管压接法连接。

螺钉压接法适用于负荷较小的单股铝芯导线的连接，而压接管压接法适用于较大负荷的多根铝线的直接连接。压接管压接法的基本操作步骤是：选择压接管→清除铝氧化层→将导线穿入压接管→压接，具体步骤见表 2—4。

表 2—4　　　　压接管压接铝芯导线

步骤	图示	操作说明
1	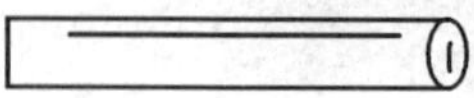	根据多股铝芯导线规格选择合适的铝压接管

步骤	图示	操作说明
2		用钢丝刷清除铝芯表面和压接管内壁的铝氧化层，涂上一层中性凡士林
3	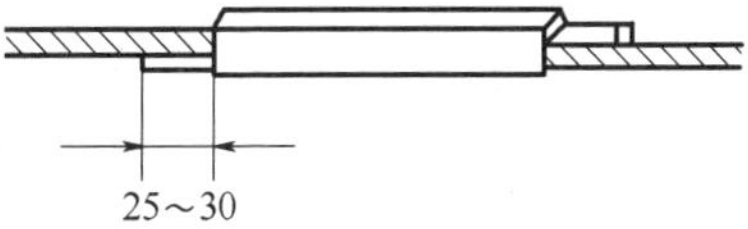 25~30	把两根铝芯导线线端相对穿入压接管，并将线端穿出压接管 25~30 mm
4	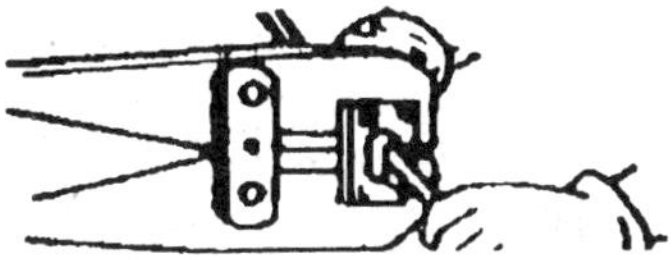	进行压接时，第一道坑应在铝芯线端一侧，不可压反
5		压接后的铝芯线

3. 压线帽连接导线的方法

压线帽连接导线的方法适用于大批量工程线路导线的连接，使用时先将导线头绝缘层剥削下去，然后将导线头插入压线帽中，再用压接钳压实压线帽，即可完成导线连接的作用。压线帽外形、连接导线、压线帽结构、压接钳如图 2—24 所示。

压线帽外壳为阻燃性高强树脂注塑绝缘，内装铜管，增加导线压接范围使导体良好导电，并更能夹紧导线，即使强烈振动也不会脱落、松动。它适用于单芯铜导线截面积 1.0~4.0 mm^2、2~4 根导线的连接。

压接钳是压线帽压接的专用工具，压接钳的钳口，是由钳槽和钳凸组成，且钳槽的断面成阶梯状，在阶梯的转折点形成小圆角，当该钳口对压线帽实施压迫时，钳凸和钳槽上的两个阶梯转折点即在压线帽上压出三个压痕，使压线帽中的裸导线在三个压痕的抱合下，既被压紧，又不会相互滑移，压线钳的钳口结构能使压线帽中的裸导线并接得更加紧密牢靠。

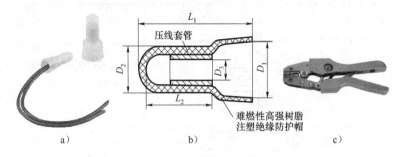

图 2—24　压线帽和压接钳

a）压线帽外形及导线连接　b）压线帽结构　c）压接钳

（1）压线帽连接导线。方法一：将导线绝缘层剥去 20～30 mm，对齐后用电工钳绞紧成一束，剪去多余长度，留有13～15 mm 接头，按照接头导线截面积选用合适的压线帽，将接头插入压线帽的压线套管内，然后用压接钳压实，即可完成导线连接，如图 2—25a 所示。方法二：将导线绝缘层剥去 15 mm，按照接头面积选用合适的压线帽，若不能填实，可将线芯折回头（剥削长度加倍），填满为止，线芯插到底后，导线绝缘应和压线套管口平齐并包在帽壳内，用压接钳压接，即可完成导线连接，导线处理方法如图 2—25b、图 2—25c 所示。

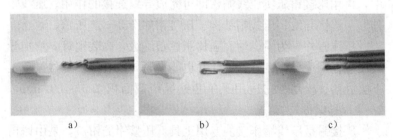

图 2—25　压接导线处理方法

a）两根导线绞成一束的压接　b）两根导线不能填实的压接

c）三根导线不能填实的压接

照明支路的灯位接线盒和墙上接线盒大多数处于高处位置接线，采用压线帽连接导线，可边穿线边接线，非常方便，减少了高处作业时间，减轻了劳动强度。

（2）压线帽连接导线的注意事项

1）正确选择压线帽规格，以线芯塞满压线套管为度。当导线直径过小或导线根数少而线芯不能塞满时，可将线芯折回填补。

2）线芯不可剥削得太长，以线芯插入压线套管后，其绝缘外皮应仍在喇叭口内，以线芯不外露为准，确保线路安全可靠。

三、线头与接线端子的连接方法

各种电气设备、电气装置和电器用具均设有供连接导线用的接线端子。常用接线端子有柱形端子和螺钉端子两种。

1. 导线与接线端子连接的基本要求

（1）多股线芯的连接，去掉绝缘层后应进一步绞紧线头，然后再与接线端子连接。不允许出现多股细线芯松散、断股和外露等现象。

（2）在三相四线制线路中，需要分清相序接线端子及连接导线相序，然后方可连接。单相电路必须分清相线和中性线，并应按电气装置的要求进行连接。

（3）小截面积铝芯导线与接线端子连接时，必须留有能供再剖削 2～3 次线头的保留长度，否则线头断裂后将无法再与接线端子连接。留出的余量导线，要按图 2—26 所示盘成弹簧状。

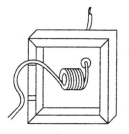

图 2—26　余量导线的
处理方法

（4）小截面积铝芯导线和铝接线端子在连接前必须涂上中性凡士林后清除氧化层。大截面积铝芯导线与铜接线端子连接时，应采用铜铝过渡接头。

（5）导线绝缘层与接线端子之间应保持适当距离，绝缘层既不可贴着接线端子，也不可离接线端子太远，使芯线裸露得太长。

（6）线头与接线端子必须连接得平服、紧密和牢固可靠，使连接处的接触电阻减小到最低程度。

2. 线头与柱形端子的连接方法

线头与柱形端子的连接是接线端子依靠置于孔顶部的压接螺钉压住线头来完成的，线头与柱形端子的连接如图 2—27 所示。电流容量较小的接线端子，一般只有一个压紧螺钉。电流容量较大的，或连接要求较高的，通常有两个压紧螺钉。

（1）单股线芯头的连接方法。在通常情况下，线芯直径都小于孔径，且多数都可插入两股线芯，故必须把线头的线芯折成双股并列后插入孔内，并应使压紧螺钉顶在双股线芯的中间，如图 2—27a 所示。

如果线芯直径较大、无法插入双股线芯，则应在单股芯线插入孔前把线芯头略折一下，折转的端头翘向孔上部，如图 2—27b 所示。

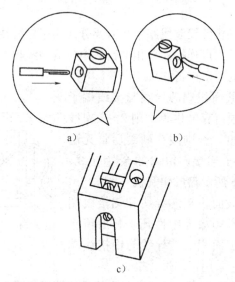

a)   b)

c)

图 2—27　单股线芯与柱形端子的连接方法

a）线芯折成双股进行连接　b）单股线芯插入连接　c）柱形端子

上述两种线头线芯的工艺处理，都能有效地防止线头在压紧螺钉稍有松动时从孔中脱出。

（2）多股线芯与柱形端子的连接方法。连接时，必须把多股线芯按原绞方向用钢丝钳进一步绞缠紧密，要保证多股线芯受压紧螺钉顶压时不松散。由于多股线芯的载流量较大，孔上部往往有两个压紧螺钉，连接时应先拧紧第一枚压紧螺钉（进端口的一枚），后拧紧第二枚，然后再加拧第一枚及第二枚，要反复加拧两次，确保导线均匀受力及有良好的电接触。在连接时，线芯直径与孔径的匹配一般应比较相称，尽量避免出现孔过大或过小的现象。三种情况的工艺处理方法如下：

第一种，在线芯直径与孔径大小较匹配时，在一般用电场所，把线芯进一步绞紧后装入孔中即可，如图 2—28a 所示。在用电危险场所，为了防止线头可能从孔中脱出，应作如下处理：线头绝缘层应剥去多一些，在进一步将线芯绞紧前，线芯端头分三级剪去多余部分。以 7 股线为例，宜 2 股剪得最短；4 股稍长，长出单股线芯直径的 4 倍；另 1 股最长，长的应能在 4 股稍长线芯上紧缠两圈的需要量，待多股线芯做进一步绞紧后，把这股最长的线芯紧缠在端头上。这样，能使线头的线芯端头略大些，在压紧螺钉松动时，即使导线稍受外力牵拉，也不易脱出孔。

第二种，在孔径过大时，可用一根单股线芯（直径应根据孔大于线芯直径的多少而定）在已作进一步绞紧后的线芯上紧密地排绕一层，如图 2—28b 所示，然后进行连接。

第三种，在孔径过小时，通常是导线电流密度比实际使用选用过高所致。因此，可把多股线芯处于中心部位的线芯剪去，如 7 股线剪去一股，19 股线剪去 1～7 股，然后重新绞紧，进行连接，如图 2—28c 所示。若用于用电危险场所，也应按图 2—28a 所述方法采取防止线头脱出的措施。

注意事项：不管是连接单股线芯还是多股线芯的线头，在插入孔时必须插到底，孔外裸露导线部分不允许过多。同时，导线

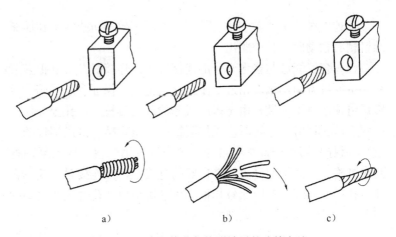

图 2—28　多股线芯与柱形端子的连接方法

a）孔大小较适宜时的连接　b）孔过大时的连接　c）孔过小时的连接

绝缘层不得插入孔内。

3. 线头与螺钉端子的连接方法

线头与螺钉端子的连接是依靠开槽盘头螺钉的平面，并通过垫圈紧压导线线芯来完成电连接的。对于电流容量较小的单股线芯，在连接前，应把线芯弯成压接圈（俗称羊眼圈）。对于电流容量较大的多股线芯，在连接前，一般都应在线芯端头上安装接线耳。但在电流容量不太大且线芯截面积不超过 10 mm² 的 7 股线连接时，也允许把线头线芯弯成多股线芯的压接圈进行连接。在螺钉端子上连接时，经常遇到硬导线和软导线是否正确连接的问题。各种连接的工艺要求和操作方法，分别介绍如下：

（1）连接的工艺要求。压接圈和接线耳必须压在垫圈下边，压接圈的弯曲方向必须与螺钉的拧紧方向保持一致，导线绝缘层切不可压入垫圈内，螺钉必须拧得足够紧，但不得用弹簧垫圈来防止松动。连接时，应清除垫圈、压接圈及接线耳上的油垢。

（2）单股导线压接圈的弯法

第一步：根据需要去除线头绝缘层。

第二步：离绝缘层根部约 3 mm 处向外侧折角，如图 2—29a

所示。

第三步：按略大于螺钉直径弯曲圆弧，如图 2—29b 所示。

第四步：剪去线芯余端，如图 2—29c 所示。

第五步：修正圆圈，如图 2—29d 所示。

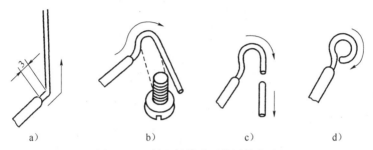

a)   b)   c)   d)

图 2—29　单股导线芯压接圈的弯法

a) 离绝缘层根部约 3 mm 处向外侧折角　b) 按略大于螺钉直径弯曲圆弧

c) 剪去线芯余端　d) 修正圆圈

（3）导线与接线耳的连接方法。导线与接线耳（又称线鼻子）在连接时应先将去除导线头绝缘层，然后将导线头插入接线耳中，再用压接钳压实接线耳，即可完成导线与接线耳的连接。接线耳和端子压接钳如图 2—30 所示。这种导线连接方法安全、可靠、电接触好、工作效率高。

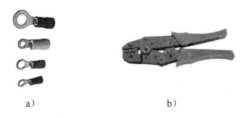

a)   b)

图 2—30　接线耳和端子压接钳

a) 接线耳　b) 端子压接钳

（4）软导线线头的连接方法。应按图 2—31 所示方法进行连接。

4. 线头与瓦形垫圈螺钉端子的连接方法

线头与瓦形垫圈螺钉端子的连接与上述三种连接方法类似，

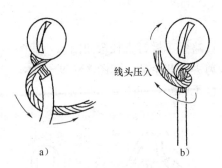

图 2—31　软导线线头的连接方法

a) 围绕螺钉后再自缠　b) 自缠一圈后端头压入螺钉

只是垫圈是瓦形的。为了防止线头脱落，在连接时应将线芯作如图 2—32a 所示的工艺处理。如果需把两个线头接入同一个接线端子时，应按图 2—32b 所示方法进行连接。

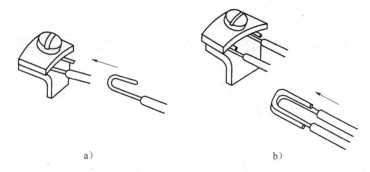

图 2—32　导线线头与瓦形垫圈螺钉端子的连接方法

a) 单个线头连接方法　b) 两个线头连接方法

四、导线的绝缘恢复

导线绝缘层破损后必须恢复绝缘层，导线连接后，也必须恢复绝缘层，恢复后的绝缘强度不应低于原来的绝缘层。导线的绝缘恢复通常采用黄蜡带、涤纶薄膜带和黑胶布作为恢复绝缘层的材料，黄蜡带和黑胶布一般宽度为 20 mm 时使用较为方便。

1.绝缘带包扎方法

从完整绝缘层上开始包缠，包缠两根带宽后方可进入连接处的线芯部分。包至连接处的另一端时，也需同样包入完整绝缘层上两根带宽的距离，如图 2—33a 所示。包扎时，绝缘带与导线应保持 45°的倾斜角，每圈包缠压叠带的一半，如图 2—33b 所示。一般情况下需包缠两层绝缘带，必要时再用纱布带封一层。绝缘带（或纱布带）与绝缘带的衔接，应采取续接的方法，如图 2—33c 所示。绝缘带或纱布带包缠完毕后的末端，应用纱线绑扎牢固（见图 2—33d），或用绝缘带自身套结扎紧（见图 2—33e）。

2. 绝缘带包扎的工艺要求

（1）在 380 V 线路上恢复导线绝缘时，必须先包缠 1～2 层黄蜡带（或涤纶薄膜带），然后再包缠一层黑胶带。

（2）在 220 V 线路上恢复导线绝缘时，先包缠一层黄蜡带（或涤纶薄膜带），然后再包缠一层黑胶布，或者包 2 层黑胶布。

（3）黑胶带与黄蜡带衔接处也应用续接的方法衔接，黑胶带因具有黏性可自作包封，包缠方法和要求如图 2—33a、图 2—33b、图 2—33c 所示，但黑胶带必须包缠紧密并覆黄蜡带（或涤纶薄膜带）。

（4）绝缘带包扎时，各包扎层之间应紧密相接，不能稀疏，更不能露出芯线。

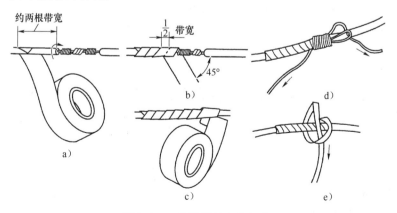

图 2—33　绝缘带的包缠方法

模块四　用电烙铁钎焊

一、电烙铁的选用

电工自行操作的焊接工艺，常用的熔化焊是电烙铁的钎焊（钎焊俗称锡焊），而电烙铁是焊接工作的主要工具，电烙铁使用得当与否，关系到焊点的质量，甚至关系到电路工作的稳定性。

1. 电烙铁的种类及结构

电烙铁主要有外热式和内热式两种。其结构如图2—34所示，主要是由烙铁头、外壳、烙铁芯、手柄、电源线等几部分组成。

外热式主要有25 W、30 W、45 W、75 W、100 W、150 W等几种，内热式主要有20 W、35 W、50 W等几种。外热式与内热式的区别在于外热式的烙铁头放在电热芯里面，而内热式则放在电热芯的外面。此外还有如恒温烙铁、吸锡烙铁等。

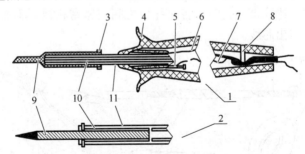

图2—34　典型烙铁结构

1—内热式烙铁　2—外热式烙铁　3—卡箍　4—手柄　5—接线桩　6—接地线

7—电源线　8—紧固螺钉　9—烙铁头　10—电热芯　11—外壳

2. 电烙铁的选用

常用电烙铁功率有20 W、25 W、35 W、45 W、75 W、

100 W、300 W 等，一般根据焊接点导热快慢和焊接点大小来选择电烙铁的功率。电子元件的焊接，一般选用 20 W 或 25 W 小功率电烙铁较为合适，焊接强电元件应选用 45 W 以上大功率电烙铁。不同功率电烙铁外形如图 2—35 所示。

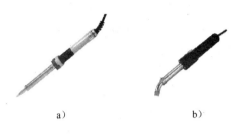

a)   b)

图 2—35   电烙铁
a) 小功率   b) 大功率

3. 电烙铁的使用

在使用大功率电烙铁之前，要用锉刀把烙铁头上的氧化层去除掉，然后锉成 45°的尖角，这样有利于挂锡和焊锡的流动。将电烙铁接到 220 V 电源上开始加热。当烙铁头变成紫色时，马上沾一下松香，再在焊锡上轻轻擦动，这时烙铁头会涂上一层焊锡，将电烙铁处理完以后，就可以进行焊接了。电烙铁的握法可根据电烙铁的形状及焊接对象等情况选定，如图 2—36 所示。反握法和正握法一般适用于大功率电烙铁焊接，握笔法适用于小功率电烙铁的焊接。

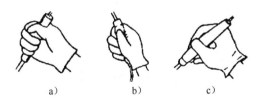

a)   b)   c)

图 2—36   电烙铁的握法
a) 反握法   b) 正握法   c) 握笔法

二、焊料与焊剂

1. 焊料

焊料是用易熔的金属及其合金制成，作用是将被焊物连接在一起。它的熔点低，而且易于与被焊物连为一体。

（1）焊料的划分。焊料按组成成分划分，有锡铅焊料、银焊料、铜焊料。按使用的环境温度分，有高温焊料和低温焊料。熔点在 450℃ 以上的称为硬焊料，熔点在 450℃ 以下的称为软焊料。

（2）焊料的形状及规格。在电子产品装配中，一般都选用锡铅系列焊料，也称焊锡。其形状有圆片、带状、球状、焊锡丝等几种。常用的是焊锡丝，在其内部加有固体焊剂松香。焊锡丝的直径有 4 mm、3 mm、2 mm、1.5 mm 等规格。

（3）焊锡的特点及应用。焊锡在 180℃ 时便可熔化，因此使用 20 W 内热式或 25 W 外热式电烙铁便可以进行焊接。它具有一定的力学强度，导电性能、抗腐蚀性能良好，对元器件引线和其他导线的附着力强，不易脱落，因此，在焊接技术中得到了极其广泛的应用。

2. 焊剂

（1）焊剂的作用。在进行焊接时，为了能使被焊物与焊料焊接牢固可靠，就必须去除焊件表面的氧化物和杂质。去除氧化物和杂质通常有机械方法和化学方法，机械方法是用砂纸或刀子将氧化层去掉，化学方法则是借助于焊剂清除。焊剂同时也能防止焊件在加热过程中被氧化，还可以把热量从烙铁头快速地传递到被焊物上，使预热的速度加快。

（2）松香酒精焊剂的特点及应用。松香酒精焊剂是用无水乙醇溶解纯松香配制成 25%～30% 的乙醇溶液，其优点是没有腐蚀性，具有高绝缘性能和长期的稳定性及耐湿性。焊接后清洗容易，并形成覆盖焊点膜层，使焊点不被氧化腐蚀。因此，电子线路中的焊接通常都采用松香、松香酒精焊剂，且不宜使用焊锡膏。

三、电子元件的焊接

1. *焊接电子元件的过程*

焊接电子元件之前，应先除去元件引脚表面的氧化层，用松香和焊锡在元件引脚上镀上一层薄薄的锡。在印制板上焊接，也应清除印制板焊接点处的氧化层，在焊接点处同样镀上一层薄薄的锡，但不要封死穿元件引脚的小孔。做好以上准备工作后，将元件引脚穿入正确孔位，在电烙铁头上沾上适量焊锡和松香，对准焊点停留 1～2 s，如图 2—37a 所示，待焊锡将元件引脚四周包住即可将烙铁头迅速离开焊接点，以保证焊点稳固和表面光滑，如图 2—37b 所示。

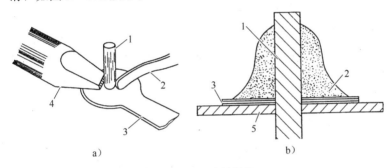

a)   b)

图 2—37　电烙铁焊接

a) 烙铁头的位置　b) 焊接点剖面

1—元件引脚　2—焊料　3—衬填铜箔　4—烙铁头　5—印制电路基板

2. *焊接电子元件的要求*

焊接的质量直接影响整机产品的可靠性与质量。因此，用锡焊接时，必须做到以下几点：

（1）焊点的力学强度要满足需要。为了保证足够的力学强度，一般采用把被焊元件的引线端子打弯后再焊接的方法，但不能用过多的焊料堆积，以防止造成虚焊或焊点之间短路。

（2）焊接点必须焊实、焊透，焊料必须充分渗透，不能有虚假焊点和夹生焊。虚假焊点是指焊件表面没有充分镀上锡、焊件之间没有被锡固定住。其原因是焊件表面的氧化层没有清除干净或焊剂用得少。夹生焊是指焊料未被充分融化，焊件表面锡结晶粗糙，焊点强度大为降低，其原因是烙铁温度不够高和焊留时间短。

（3）焊点表面要光滑、清洁，并且有光泽。为使焊接点美观、光滑、整齐、不但要有熟练的焊接技能，而且要选择合适的焊料和焊剂，否则将出现表面粗糙、拉尖、棱角现象。其次，烙铁的温度也要保持适当。

四、导线的焊接

导线与接线端子、导线与导线之间的焊接有三种基本形式：绕焊、钩焊和搭焊。导线焊接前的准备如图2—38a所示。

1. 导线与接线端子的焊接

（1）绕焊。把经过镀锡的导线端头在接线端子上缠绕一圈，用钳子拉紧缠牢后进行焊接，如图2—38b所示。这种焊接可靠性最好。

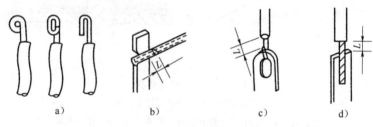

a)   b)   c)   d)

图2—38　导线与端子的焊接

a) 导线弯曲形状　b) 绕焊　c) 钩焊　d) 搭焊

$L=1\sim3$ mm

（2）钩焊。将导线端子弯成钩形，钩在接线端子上并用钳子夹紧后焊接，如图2—38c所示，这种焊接操作简便，但强度低于绕焊。

（3）搭焊。把镀锡的导线端搭到接线端子上施焊，如图2—38d所示，此种焊接最简便，但强度可靠性最差，仅用于临时连接等。

2. 导线与导线的焊接

导线之间的焊接以绕焊为主,如图 2—39a、图 2—39b 所示,具体操作步骤如下:

(1) 将导线线头去掉一定长度的绝缘外层。

(2) 端头上锡,并套上合适的绝缘套管。

(3) 绞合导线,施焊。

(4) 趁热套上套管,冷却后将套管固定在接头处。

注意事项:对调试后维修中的临时线,也可采用搭焊的办法。导线与导线的搭焊接如图 2—39c 所示。

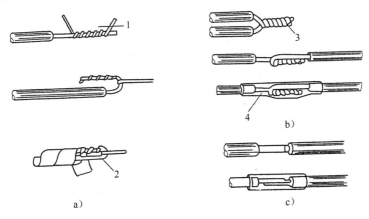

图 2—39 导线与导线的焊接

a) 细导线绕到粗导线 b) 同样粗细的导线 c) 导线搭焊

1—剪去多余部分 2—焊接后恢复绝缘 3—扭转并焊接 4—热缩套管

五、使用电烙铁的注意事项

使用电烙铁时一定要注意有关事项,这样可以防止发生安全事故、提高焊接质量和工作效率。使用电烙铁时应注意以下几点:

(1) 在导电地面(如泥地、混凝土地和金属地面等)和用电危险场所(潮湿、有导电气体和地下工程井)操作时,电烙铁金属外壳必须接地或用 36 V 安全电源电烙铁。

（2）使用电烙铁时，不准甩动焊头，以免焊珠溅出灼伤人体。

（3）电烙铁长时间不使用时要断开电源，以免电烙铁头烧死（不吃焊）。

（4）电烙铁焊头烧死时，用锉刀锉去氧化层，沾上焊剂后重新镀上锡使用，不可用烧死的焊头焊接，以免烧毁焊件。

第三单元　室内线路施工

模块一　室内线路施工的基本要求

按照线路施工的要求，依据线路装置技术要求，准备施工所需器材、工具及仪表，合理安排工序，是确保线路安装质量和提高工作效率的关键。

一、室内线路的技术要求

1. 线路安装的原则

（1）使用不同电价的用电设备，其线路应分开安装，如照明线路、电热线路和动力线路；使用相同电价的用电设备，允许安装在同一线路上，如小型单相电动机和小容量单相电炉，允许与照明装置安装在同一线路上。具体安排线路时，还应考虑到检修和事故照明等需要。

（2）不同电压和不同电价的线路应有明显区别，安装在同一块配电板上时，应用文字注明，便于维修。

（3）低压网络线路，严禁利用与大地连接的接地线作为中性线，即禁止采用三线一地、二线一地和一线一地制线路。

（4）照明线路每一分路，装接电灯盏数（一个插座作为一盏电灯计算）一般不可超过 25 个。同时，每一分路最大负载电流不应超过 15 A。电热线路每一分路，装接插座数一般不超过 6 个。同时，每一分路最大负载电流不应超过 30 A。

（5）在三相四线供电系统中，单相负载要均匀分配在三相线路上。

2. 线路绝缘要求

应采用绝缘电线作为敷设用线，线路中绝缘电阻一般规定：相线对大地或对中性线之间不应小于 0.22 MΩ，相线与相线之间不应小于 0.38 MΩ；在潮湿、具有腐蚀性气体或水蒸气的场所，导线绝缘电阻一般应为 0.5 MΩ 以上。

3. 线路载流量的计算

电灯和电热线路干线部分的导线载流量按计算负载电流选用，分支部分导线载流量，按装接用电器具额定电流总和来选用。动力线路干线部分和分支部分的导线，必须采用良好铜芯绝缘导线或铝芯绝缘导线，铜芯线最小截面积不得小于 1.5 mm^2，铝芯线最小截面积不得小于 2.5 mm^2。

4. 线路上安装熔断器的位置

一般规定在线路导线截面积减小的地方或线路分支处，均应安装一组熔断器。但符合下列情况之一时，则允许免装。

（1）导线截面积减小后或分支后，载流量不小于前一段有保护导线载流量的一半时。

（2）前一段有保护线路装置，其中安装熔体额定电流不大于 20 A 时。

（3）当管线线路分支导线长度不超过 30 m，明设线路分支导线长度不超过 15 m 时。

5. 导线颜色的选择

当采用多相供电时，同一建筑物、构筑物的导线颜色选择应一致，即 L1（U）相用黄色，L2（V）相用绿色，L3（W）相用红色，保护接地线 PE 是黄绿相间的，零线用淡蓝色。

二、室内线路施工的一般过程

室内线路施工一般是指从室内总配电箱（或分配电箱）到用电器具这段供电线路或控制线路的接线。根据环境条件的不同，线路的安装有明线和暗线两种施工方法。导线沿墙壁、天花板、梁与柱等建筑物表面敷设，称为明线线路。导线穿管暗设在墙内、梁内、柱内、地面内、地板内或暗设在不能进入的吊顶内，称为暗线线路。对室内线路施工的基本要求是：线路布置不仅经济合理、整齐美观，而且要保证安装质量，安全可靠。

室内常见的线路施工方式为瓷夹板线路、塑料线槽线路、护套线线路和管线线路。室内线路施工的一般过程：

1. 施工准备

（1）组织准备。根据线路敷设方法及线路和设施的固定要求，制定出具体施工方案、人员的配备和分工，并制定出临时用电安全措施。

（2）材料及器材准备。根据工程施工图及技术要求，提出材料、器材和施工设备清单。

（3）现场勘查。按工程施工图及技术要求进行现场勘查，首先确定线路的用电器具或设施的安全位置和线路敷设路径。要求线路尽可能沿房屋线脚、墙角、横梁等处敷设，搞清线路哪些地方需要明线或暗线，并确定线路穿越墙壁和楼板的位置。

2. 划线定位

可采用粉线袋划线或采用有刻度尺寸的木板条来划线。划线时，应与建筑物的线条平行或垂直，并与用电器具或设施的进线口对齐；线路穿过用电器具或设施的中心点应画"×"号；然后确定出线路起始、转角、分支和终端的固定位置；最后确定出线路直线段中间的固定位置。如果室内已粉刷，划线时应注意不要弄脏建筑物表面。

3. 凿眼

当线路或设施在砖或混凝土等建筑墙面上，需要埋设穿墙套管或需要用角钢支架、木榫、胀管等固定时，应在固定点标定位置凿眼或用冲击钻钻孔，凿眼方法及其工具的选用可根据具体要求而定。

4. 装紧固件

装紧固件要根据线路和设施要求选定，在各固定支持点装设绝缘支持物或用冲击钻钻孔埋设紧固件，也可以在凿好的孔眼中埋设紧固件。

5. 敷设导线

根据线路的敷设方式和技术要求敷设导线。

6. 照明器具及附件的安装

根据施工图和技术要求，固定照明器具和附件，并且与施工线路进行电的连接。

7. 线路通电前检查

为使线路通电安全可靠，线路施工后应对线路做通电前检查，检查线路有否接错、线路绝缘是否良好、安装线路及器件是否牢固可靠、线路保护措施等是否符合安全要求。

8. 线路试通电

线路试通电应逐级、逐步、按照线路要求进行每一支路的试通电。

9. 线路正常工作

线路经过试通电后，确定线路无误时方可交付使用。

模块二　护套线线路的施工

一、护套线线路

1. 护套线线路的应用

护套线是一种具有塑料保护套层的双芯绝缘导线，它具有防潮、耐酸和耐腐蚀等性能，可直接敷设在空心楼板内和建筑物表面，一般采用钢精轧片或塑料线卡作为导线的固定支持物。常用线卡如图 3—1 所示，钢精轧片其规格可分为：0 号、1 号、2 号、3 号、4 号等几种，号码越大，长度越长。护套线线径大或敷设导线根数多，应选用号数较大的钢精轧片。在室内、外照明线路中，通常用 0 号和 1 号钢精轧片。

2. 护套线线路的特点

护套线敷设方法简单，维修方便，线路整齐美观，造价低

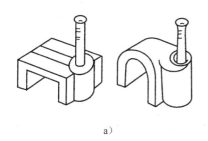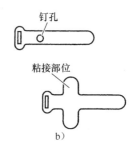

钉孔

粘接部位

a）

b）

图 3—1　护套线固定的常用线卡

a）塑料线卡　b）钢精轧片线卡

廉。目前已代替木槽板和瓷夹板，广泛应用于室内照明线路及其他配电线路。但护套线不宜直接埋入抹灰层内暗配敷设，也不宜在室外露天场所长期敷设，大容量电路也不能采用。

二、护套线线路的施工

1. 施工准备

（1）组织准备。

（2）材料及器材准备。

（3）现场勘查。

2. 定位划线

先根据各用电器的安装位置，确定好线路的走向，然后用粉线袋划线。按照护套线线路固定点的安装要求设置固定点，固定点的要求：通常直线部分取 150～200 mm 设置固定点，如图 3—2a 所示；其他各种情况取 50～100 mm 划出固定钢精轧片线卡的位置，如图 3—2b、图 3—2c、图 3—2d、图 3—2e 所示。

3. 凿眼并安装木榫

在确信铁钉钉不进壁面灰层时，必须钻孔或凿眼安装木榫，确保线路安装牢固可靠。

4. 导线的固定

（1）线卡的固定。在木质结构上，可沿线路走向在固定点直接用钉子将线卡钉牢。在砖结构上，可用小铁钉钉在粉刷层内，

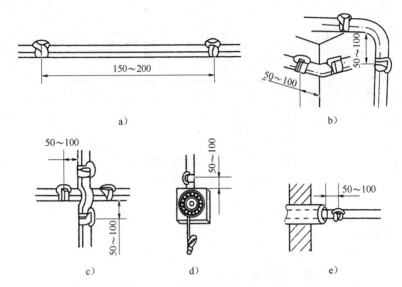

图 3—2　护套线固定点与间距

a) 直线部分　b) 转角部分　c) 十字交叉部分

d) 进入木台　e) 进入管子

但在转角、分支、进木台和进用电器处应预埋木榫。若钢精轧片线卡固定在混凝土结构或预制板上敷设时，可用环氧树脂或其他合适的胶黏剂固定。

（2）钢精轧片与导线固定。护套线均置于钢精轧片的钉孔位，钢精轧片固定护套线的方法如图 3—3 所示。

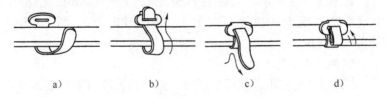

图 3—3　钢精轧片线卡的固定导线方法

（3）护套线转弯时，用手将导线勒平服贴后，弯曲成形，再嵌入钢精轧片，折弯半径不得小于导线直径的 3～6 倍。

5. 放线

放线工作是保证护套线敷设质量的重要环节，因此导线不能拉乱，不可使导线产生扭曲现象。在放线时需两人合作，一人把整盘线套入手中，另一人将线头向前直拉。放出的导线不得在地上拖拉，以免损伤护套层。如线路较短，为便于施工，可按实际长度并留有一定的余量，将导线剪断。

6. 护套线的敷设

护套线的敷设必须横平竖直。敷设时，用一只手拉紧导线，另一只手将导线固定在钢精轧片线卡上，如图3—4a所示。

对截面积较大的护套线，为了敷直，可在直线部分两端装上一副瓷夹板。先把护套线一端固定在瓷夹板中，然后勒直并在另一端收紧护套线，再固定到另一副瓷夹板中，两副瓷夹板之间护套线按档距固定在钢精轧片线卡上，如图3—4b所示，线路固定好后拆下两端瓷夹板。

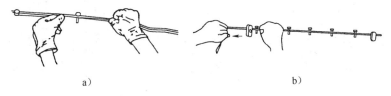

a)   b)

图3—4　护套线的敷设

在导线敷设完毕后，需检查是否有弯曲的地方，可用一根平直的厚木条靠在导线旁边比量，如果导线没有完全靠在木条上，可用螺钉旋具柄轻敲导线，使其紧贴木条；每个支持点均应用木榔头轻敲，使护套线平服地紧贴建筑物面，这样整理线路会更加整齐美观。

7. 线路通电前检查

（1）检查线路接线是否正确，如线路有否接错、相线和中性线有否搞错、应接地的有否漏接。

（2）检测线路相间及相线对地绝缘电阻是否符合技术要求。

（3）检查线路相序排列是否正确。

（4）检查线路及电气元件安装是否牢固可靠。

（5）检查熔断器及安全保护措施是否到位。

三、护套线线路施工的注意事项

1. 护套线截面积的选择

室内铜芯线不小于 0.5 mm²，铝芯线不小于 1.5 mm²；室外铜芯线不小于 1.0 mm²，铝芯线不小于 2.5 mm²。

2. 护套线与接线盒或电气设备的连接

护套线进入接线盒或电器时，护套层必须随之进入。

3. 护套线与护套线的连接

敷设护套线时，不可采用线与线的直接连接，连接时应采用接线盒或借用其他电气装置的接线端子来连接线头，如图 3—5 所示。

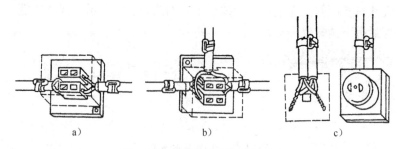

图 3—5　护套线线头的连接方法

a）在接线盒上进行中间接头　b）在接线盒上进行分支接头

c）在电气装置上进行中间或分支接头

4. 护套线线路的保护

护套线敷设时，在与接地体、发热管道接近或交叉处应加强保护。容易受到机械损伤的部位，应穿钢管保护。护套线在空心楼板内敷设，可不用其他保护措施，但楼板孔内不应有积水和损伤导线的杂物。

5. 护套线与地面高度要求

护套线敷设离地面最小高度不应小于 500 mm，在穿越楼板及离地面低于 150 mm 的一段护套线，应加电线管保护。

模块三　管线线路的施工

一、管线线路

1. 管线线路的应用

凡用钢管或硬塑料管来支持导线的线路，均称管线线路或线管配线。钢管线路具有较好的防潮、防火和防爆等特性。硬塑料管线路也称硬质阻燃塑料管、PVC 管线路，它具有较好的防潮和抗酸碱腐蚀等特性，同时还有较好的抗外界机械损伤性能。管线线路是一种比较安全可靠的线路，但造价较高，维修不方便。

2. 管线线路的安装

管线线路分有明配线和暗配线两种。明配线是把线管敷设在墙面上及其他明露处，要求配线管横平竖直，整齐美观。暗配线是把线管埋设在墙内、楼板内或地坪内以及其他看不见的地方，不要求横平竖直，只要求管路短，弯头少。

3. 管线线路施工的操作程序

通常是根据施工要求选好管子并对管子进行一系列加工，然后敷设管路，最后把绝缘导线穿在管内，并与各种电气设备或设施进行连接。

二、管线线路的施工

1. 选择线管

（1）配线用的钢管有厚壁和薄壁两种，后者又叫电线管。对于干燥环境，也可用薄壁钢管明敷和暗敷。对潮湿、易燃、易爆场所和地下埋设，必须用厚壁钢管。

（2）钢管不能有折扁、裂纹、砂眼，管内应无毛刺、铁屑，管内和管外不应有严重的锈蚀。

（3）管径的选择，应按穿入的导线总截面积（包括绝缘层）来决定，但导线在管内所占面积不应超过管子有效面积的 40％。

（4）所使用的硬塑料管，其材质均应具有耐热、耐燃、耐冲击性能并符合防火规范要求，并有产品合格证。管材的里外均应光滑，无凸棱凹陷、针孔、气泡，内外径应符合国家统一标准，管壁厚度应均匀一致。

2. 钢管的除锈和涂漆

钢管敷设前，应将已选用的钢管内外的灰渣、油污与锈块等清除。为了防止除锈后重新氧化，应迅速涂漆。

（1）常用的除锈去污方法。在钢丝刷两端各绑一根长度适当的铁丝，将铁丝和钢丝刷穿过钢管，来回拉动（见图 3—6），即可除去钢管内壁锈块。钢管外壁除锈很容易，可直接用钢丝刷或电动除锈机除锈。

（2）除锈后应立即涂防锈漆。但在混凝土中埋设的管子外壁不能涂漆，否则影响钢管与混凝土之间的结构强度。如果钢管内壁有油垢或其他脏物，也可在一根长度足够的铁丝中扎上适量的布条，在管子中来回拉动，即可擦掉，待管壁清洁后，再涂上防锈漆。

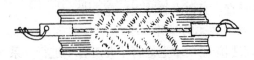

图 3—6　用钢丝刷清除管内壁铁锈

3. 弯管

线管配线应尽量减少弯头，否则会给穿线带来困难。但是线路需改变方向非弯管不可时，为了便于穿线，管子的弯曲角度一般不应小于 90°。

（1）钢管的弯管

1）弯管器。弯管器体积小，是弯管器中最简单的一件工具，其外形和使用方法如图 3—7 所示。用弯管器弯管适用于直径 25 mm 以下的管子，更适用于现场没有电源供电场所的弯管。

2）弯管要求。为了便于线管穿线，管子的弯曲角度一般不应小于 90°。明管敷设时，管的曲率半径 $R \geqslant 4d$；暗管敷设时，

管的曲率半径 $R \geqslant 6d$，$\theta \geqslant 90°$，如图 3—8 所示。

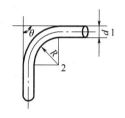

图 3—7　用弯管器弯管　　　　图 3—8　钢管的弯度

1—管子外径　2—曲率半径

3) 弯管时注意事项

① 直径在 25 mm 以下的线管，可用弯管器进行弯曲，在弯曲时，要逐步移动弯管器卡口，且一次弯曲的弧度不可过大，否则会弯裂或弯瘪线管。

② 凡管壁较薄而直径较大的线管，弯曲时，管内要灌沙，否则会将钢管弯瘪。如采用加热弯曲，要用干燥无水分的沙灌满，并在管两端塞上木塞，如图 3—9 所示。

③ 有缝管弯曲时，应将焊缝处放在弯曲的侧边，作为中间层，这样可使焊缝在弯曲时既不延长又不缩短，焊缝处就不容易裂开，如图 3—10 所示。

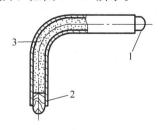

图 3—9　钢管灌沙弯曲　　　图 3—10　有缝管的弯曲

1、2—木塞　3—黄沙

④当管径较大而难于弯制时，可采用电动液压顶弯机，电动液压顶弯机适用于直径 15～100 mm 钢管的弯制，弯管时只要选择合适的弯管模具装入机器中，穿入钢管，即可弯制。

（2）硬塑料管的弯管。对硬塑料管可采用冷煨法和热弯法弯曲。

1）冷煨法。管径在 25 mm 及其以下可用冷煨法，冷煨法是将型号合适的弯管弹簧插入需要折弯的 PVC 管材内需煨弯处，两手抓住弯管弹簧两端头，膝盖顶在弯管处，用手扳，逐步煨至所需弯度，然后抽出弹簧即可，此方法也适用热弯法。弯管弹簧和冷煨管如图 3—11a、图 3—11b 所示。当弹簧不易取出时，可以逆时针转动弹簧，使之外径收缩，同时往外拉即可拉出弹簧。

2）热弯法。弯管前先将管子放在电烘箱或电炉上加热，边加热边转动管子，待管子柔软时，把管子放在胎具内弯曲成型，弯曲时逐步煨出所需管弯度，并用湿布摩擦使弯曲部位冷却定型，如图 3—11c 所示。弯曲处不得因煨弯使管出现烤伤、变色，要无明显折皱、破裂及凹扁现象，管径较大（50 mm 以上）的硬塑料管，为防止弯扁或粗细不均，可先在管内填满沙子以后再加热按上述方法弯制。

4. 锯管

敷设钢管由于长度的需要一般都用钢锯锯削。下锯时，锯要扶正，向前推动时适度增加压力，但不得用力过猛，以防折断锯条。钢锯回拉时，应稍微抬起，减小锯条磨损。管子快要锯断时，要放慢速度，使断口平整。锯断后用半圆锉锉掉管口内侧的毛刺和锋口，以免穿线时割伤导线。硬塑料管管径较大（50 mm 以上）时的切断方法如上所述，若是硬塑料管管径较小时，可选用剪管器切断。

5. 钢管的套螺纹

为了连接钢管与钢管或钢管与接线盒，就需在连接处套螺纹，钢管套螺纹时，可用管子套螺纹绞板或手持式电动套螺纹机，前者适用于单一少量套螺纹，后者适用于批量套螺纹。

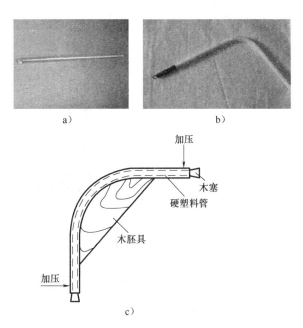

图 3—11　硬塑料管弯管

a) 弯管弹簧　b) 冷煨法　c) 热弯法

（1）管子套螺纹使用绞板的方法。常用的绞板规格有 0.5～ 2 in 和 2.5～4 in 两种。套螺纹时，应先把线管夹在管钳或台虎钳上，然后根据套螺纹要求选择板牙或板牙头，用套螺纹绞板绞出螺纹，如图 3—12 所示。操作时，用力要均匀并加润滑油，以保证螺纹扣光滑。螺纹长度等于管箍长度的 1/2 加 1～2 牙的长度。第一次套螺纹完后，松开板牙，再调整其距离，比第一次小一点尺寸再套一次。当第二次套螺纹快要套完时，进两扣退一扣，完成二次套扣，使其成为锥形的扣。套螺纹完成后，应用管箍试旋。选用板牙时必须注意管径是以内径还是以外径标称的，否则无法应用。

（2）手持式电动套螺纹机的使用方法。手持套螺纹机由于装有自动进牙机构，所以能采用各种标准板牙切制螺纹，

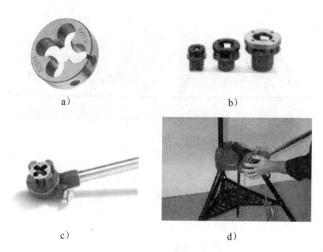

图3—12 管子套螺纹绞板

a）板牙 b）板牙头

c）板牙安装在具有牙头绞板上 d）套螺纹

手持式电动套螺纹机具有体积小、省力、操作方便、便于携带、工作效率高、成本低，能在不拆卸铺设好的管道上和狭窄场地中切制螺纹，手持式电动套螺纹机广泛用于各行各业的管道安装及维修工程。手持式电动套螺纹机，如图3—13所示。

图3—13 手持式电动套螺纹机

1—管子夹座 2—主机 3—电源线 4—正反开关

5—板牙头 6—钢管

1）手持式电动套螺纹机操作步骤

步骤1：选择相应的板牙头，将卡簧拨正后，从右边安装在主机上。

步骤2：夹正、夹紧管子，约与力臂等长。

步骤3：将正反开关打在向下箭头位置，套螺纹机启动，进行套螺纹。

步骤4：在套硬质管子（如不锈钢管、镀锌管、铜管）时要及时加油。

步骤5：注意管子夹座移动过程中不能与主机接触，否则会伤到主机。

步骤6：等机器停稳后，再拨反向开关向上箭头位置，退出管子。

2）套螺纹机使用注意事项

① 使用人员应认真阅读工具操作规程。

② 保持工作场地清洁明亮。

③ 在下雨天气或潮湿的环境中使用时，一定要有防雨、防潮湿的措施，以免触电。

④ 严禁使用已损坏的电动套螺纹机部件。

6. 线管连接

线管连接方法视管子材料及连接要求而定。

（1）钢管与钢管的连接方法。无论是明配管还是暗配管，一般均采用管箍连接，尤其是埋地和防爆线管，如图3—14所示。为了保证管接口的严密性，管子螺纹部分应顺螺纹方向缠上塑料

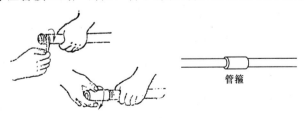

管箍

图3—14 钢管的连接

薄膜或麻丝嵌垫在螺纹中，若用麻丝要在麻丝上涂一层白漆，然后拧紧，并使两端面吻合。

（2）钢管与接线盒的连接方法。当线管端部与各种接线盒（或配电箱）连接时，先把线管端部套螺纹，并在接线盒内外各用一个薄形螺母（又称锁紧螺母）夹紧，夹紧线管的方法如图3—15所示。安装连接时，先在线管管口拧入一个螺母，待管口穿入接线盒后，在盒内再套拧一个螺母，然后用两把扳手，把两个螺母反

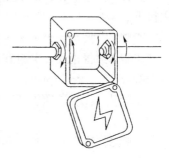

图3—15　钢管与接线盒的连接方法

向拧紧，拧紧时要求平整、牢固。如果需要密封，则应在两螺母之间各垫入封口垫圈。

（3）钢管与接地。钢管配线必须可靠接地，为此，在钢管配线中钢管与钢管、钢管与接线盒及配电箱连接处，要用 $\phi 6 \sim$ 10 mm 圆钢制成的跨接线连接，使金属外壳成为一体，进行可靠接地，如图 3—16a 所示，钢管与钢管的跨接线连接方法如图 3—16b 所示。

（4）硬塑料管的连接

1）插入法连接。插入法适用于管径为 50 mm 以下的硬塑料管，方法如图 3—17 所示。连接前将两管口倒角，按图示分别加工成阴管和阳管，并用汽油或酒精将两管端插接部位的油污擦净，再将阴管插接段（长度为 1.2～1.5 倍管径）放在电炉或喷灯上来回转动加热，待其呈柔软状态后，将阳管插入部分涂一层胶黏剂（过氯乙烯胶），然后迅速插入阴管，并立即用湿布冷却。

2）套管连接法。连接两根硬塑料管，也可在接头部分加套管完成。套管的长度为它自身内径的 2.5～3 倍，其中管径在 50 mm 以下时取较大值；在 50 mm 以上时取较小值，管内径以

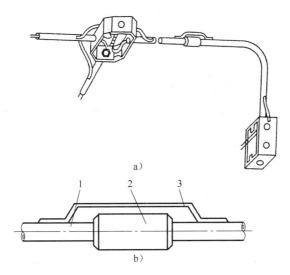

a)

b)

图 3—16　钢管连接处的跨接线

a) 钢管配线示意图　b) 钢管与钢管的跨接线连线法

1—钢管　2—管箍　3—跨接线

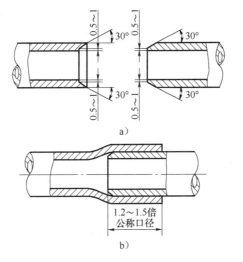

a)

1.2～1.5倍
公称口径

b)

图 3—17　硬塑料管插入法连接

a) 塑料管口倒角　b) 插接后状态

待插接的硬塑料管在套管加热状态刚能插进为合适。插接前，仍需先将管口在套管中部对齐，并处于同一轴线上，如图 3—18所示。

3）线管与接线盒的连接。塑料管与接线盒的连接。塑料管与接线盒、灯头盒不能用金属制品，只能用塑料制品。而且塑料管与接线盒、灯头盒之间的固定一般也不应用锁紧螺母和管螺母，要用胀扎管头绑扎，绑扎方法如图 3—19 所示。

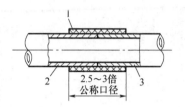

图 3—18　套管连接法
1—套管　2、3—接管

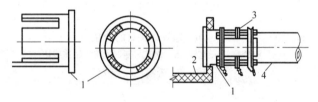

图 3—19　塑料管与接线盒的连接方法
1—胀扎管头　2—塑料接线盒　3—用铁丝绑线　4—塑料管

7. 线管的固定

（1）线管在混凝土或砖墙内暗敷。若线管要预埋在现场浇制的混凝土的构件内，可用铁丝把线管绑扎在钢筋上，也可用钉子钉在模板上，如图 3—20 所示。固定在模板上的钢管先用碎石垫高 15 mm 以上，再用铁丝绑牢，然后浇灌水泥砂浆。

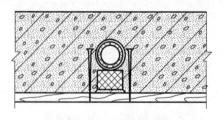

图 3—20　在模板上固定线管的方法

砖墙暗敷线管时，一般是在土建砌砖时预埋，否则应在砖墙上留槽或开槽。在槽内固定线管之前，先在砖缝里打入木楔，将钉子钉入木楔中，用铁丝把线管绑扎在钉子上，使线管嵌入墙内，然后浇灌水泥砂浆、抹平。

在地坪内暗敷线管，若未预埋，则应留槽或开槽，然后将线管放入槽中，并浇灌水泥砂浆、抹平。若槽内土层外露，则应将线管事先垫高，使其离土层 15～20 mm。应当指出，所有埋设的暗管，除出线口外不能有外露现象。

（2）线管的明敷。明敷线管时，可用管卡固定。在砖墙或混凝土等建筑物面上，用金属胀管固定管卡比较可靠；在角钢支架或建筑物金属构件上，可用螺栓固定管卡。当线管进入开关、灯头、插座和接线盒孔前的 30 mm 处及线管弯头的两边，均需用管卡固定，如图 3—21 所示。直线敷设钢管时，两管卡之间的距离不应大于表 3—1 的规定；直线敷设硬塑料管时，两管卡之间的距离不大于表 3—2 的规定。

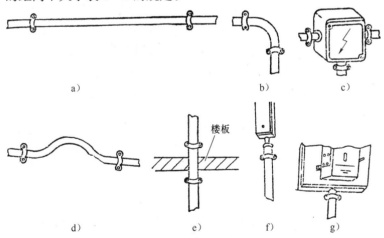

图 3—21　管线线路明敷设方法及管卡的定位

a）直线部分　b）转弯部分　c）进入接线盒　d）跨越部分

e）穿越楼板（或墙）　f）与其他线路连接　g）进入木台

表 3—1　　　　　钢管管卡间的最大允许距离　　　　（mm）

管壁厚度	钢管直径			
	13～20	25～32	38～50	65～100
	最大允许距离			
3	1 500	2 000	2 500	3 500
1.5	1 000	1 500	2 000	2 500

表 3—2　　　　硬塑料管管卡间的最大允许距离　　　　（mm）

硬塑料管直径	最大允许距离	允许偏差
20 以下	1 000	
25～40	1 500	30
50 以上	2 000	

8. 扫管穿线

穿线工作一般是在土建地坪和粉刷工程结束后进行。

（1）穿线前清扫线管。线管可通过吹入压缩空气来清扫，也可在钢丝上绑上擦布穿入管内来回拉动清扫。将管路清扫干净后，随即向管内吹入滑石粉，以减小穿线的摩擦，并将管口安上护线橡胶圈，再进行穿线。

（2）线管的穿线。线管穿线时一般由钢丝引入。若管路较短、弯头较少时，可把钢丝引线穿入管内至另一端后，将导线从一端拉向另一端，操作方法如图 3—22 所示，如果管路较长，从一端通入钢丝引线有困难时，可从线管两端同时穿入钢丝引线，将两引线端头弯成小钩，当钢丝引线在管中相遇时，用手转动引线使其钩在一起，然后拉出其中一根引线，同时将另一根引线带出管口，穿好钢丝引线后，可按前述办法将导线穿入管内。

三、管线线路施工的注意事项

（1）穿入管内的导线，其绝缘强度不应低于交流 500 V。导线芯线的最小截面积规定：铜芯线为 1 mm^2（控制及信号回路的导线截面不在此限）；铝芯线 2.5 mm^2。穿入管内的导线不准有

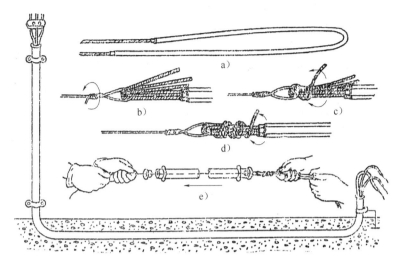

图 3—22　管内穿入导线的方法

a) 勒直导线，剖出线头　　b) ~d) 线头做标记并扎上钢丝

e) 电线随钢丝穿入钢管及管口套上橡胶圈

接头，绝缘层损坏后经包缠恢复其绝缘的导线也不准穿入管内。

（2）明敷或暗敷所用的钢管，必须经过镀锌或涂漆的防锈处理，管壁厚度不应小于 1 mm。装设于潮湿、埋在地下和具有腐蚀性场所的钢管，其管壁厚度不应小于 2.5 mm。明敷用的硬塑料管的管壁厚度不应小于 2 mm；暗敷用的不应小于 3 mm。

（3）在钢管内同一交流回路的导线必须穿于同一钢管内，钢管内不准穿单根导线，以免形成闭合磁路，损耗电能。

（4）管子与管子连接时，应采用外接头；硬塑料管的连接可采用套接；在管子与接线盒连接时，连接处应用薄型螺母内外拧紧；在具有蒸汽、腐蚀气体、多尘以及油、水和其他液体可能渗入管内的场所，线管的连接处均应密封。钢管管口均应加装护圈，如图 3—23 所示；硬塑料管口可不加装护圈，但管口必须光滑。

（5）为了便于导线的安装和维修，对接线盒的位置有以下规定：无转角时，在线管全长每 45 m 处，有一个转角时在每 30 m 处，有两个转角时在每 20 m 处，有三个转角时在每 12 m 处均应安装一个接线盒。

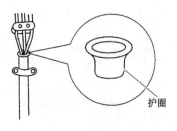

图 3—23　钢管管口加装护圈

（6）线管在同一平面转弯时应保持直角；转角处的线管，应在现场根据需要形状进行弯制，不宜采用成品弯头来连接。线管在弯曲时，不可因弯曲而减小管径。

（7）两根以上导线穿管的总面积（含外护层）不能超过管内横截面积的 40%。

四、PVC 管线路暗敷设改造施工

1. PVC 管线路暗敷设改造施工过程

（1）设计布线图。设计布线时，根据用电电器及实际安装位置的要求，按照强电走上，弱电在下，横平竖直，避免交叉，美观实用的原则，拟定线路改造布线图，合理选择导线截面积、PVC 管和线盒等附件。电源线配线时，所用导线截面积应满足用电设备的最大输出功率。一般情况，照明 1.5 mm²，空调挂机插座 2.5 mm²，柜机 4 mm²，进户线 10 mm²。PVC 管暗敷设必须采用硬质阻燃型。当线管长度超过 15 m 或有两个直角弯时，应增设接线盒。天棚上的灯具位置设接线盒固定。

（2）划线。确定线路终端灯头、插座、开关面板的位置，在墙面标画出准确的位置和尺寸。

（3）敷设线管开槽。

（4）埋设线盒及敷设 PVC 线管。

（5）线路导线穿入管内。

（6）安装强弱电配电箱、开关面板及各种插座和灯具。

（7）对施工线路进行检查和试通电。

（8）完成线路改造工程。

2. PVC 管线路暗敷设改造施工的注意事项

（1）开槽深度应一致，一般是 PVC 管直径加 10 mm。

（2）PVC 管应用管卡固定。PVC 管的连接要用 PVC 胶水粘牢。转弯处要按要求弯曲。暗盒、接线盒与 PVC 管要用螺钉固定。

（3）PVC 管安装好后，统一穿电线，同一回路电线应穿入同一根管内，但管内总根数不应超过 8 根，电线总截面积（包括绝缘外皮）不应超过管内截面积的 40%。

（4）电源线与通信线不得穿入同一根管内。

（5）电源线插座与电视线插座的水平间距不应小于 50 cm。

（6）线路与暖气、热水、煤气管之间的平行距离不应小于30 cm，交叉距离不应小于 10 cm。

（7）穿入配线管的导线不允许有接头，必须连接时应设在接线盒内。

（8）安装电源插座时，面向插座的左侧应接零线 N，右侧应接相线 L，中间上方应接保护接地线 PE，保护接地线为2.5 mm^2 的双色软线。

（9）当吊灯自重在 3 kg 及以上时，应先在顶板上安装后置埋件，然后将灯具固定在后置埋件上。严禁安装在木楔、木砖上。

（10）连接开关、螺口灯具导线时，相线应先接开关，开关引出的相线应接在灯中心的接线端子上，零线应接在螺纹的接线柱上。

（11）导线之间和线路对地间绝缘电阻必须大于 0.5 MΩ。

（12）开关板底边距地面为 130 cm，电源插座底边距地面高为 30 cm，壁挂空调插座高 190 cm、排风插座高 210 cm、厨房插座高 95 cm、挂式消毒柜 190 cm、洗衣机插座高 100 cm、电视机插座高 65 cm。

（13）同一室内的电源、电话、电视等插座面板应在同一水平标高上，高度差应小于 5 mm。

（14）每户应设置强弱电箱，配电箱内应设动作电流 30 mA 的漏电保护器，分路经过控制开关后，分别控制照明、空调、插座线路。控制开关工作电流应与终端电器的最大工作电流相匹配，一般情况下，照明 10 A，插座 16 A，柜式空调 20 A，进户 40～60 A。

（15）安装开关面板、插座及灯具时应注意清洁，清洁应安排在最后一遍涂刷乳胶漆之前。

3. PVC 管线路安装验收标准

（1）严格按照图样施工，开关面板、插座面板、灯具及电器配件等材料，规格、颜色应符合设计要求，产品质量符合国家标准。

（2）现场勘测建筑结构布局，统一放水平基准线。

（3）按施工现场实际尺寸施工放样，用鲜艳的画笔画出开关、电源插座、空调插座、网络插座、电视插座、智能化控制安装、漏电断路器安装及线管预埋位置等，线路走线要用墨盒弹线，弹线要横平、竖直。例如：室内三房两厅套房为标准，分七路配线，每一路用电不得超过 3 kW。

1）卧室、客厅、书房、厨房、卫生间的照明为一路。

2）厨房插座为一路。

3）卧室、客厅、书房普通插座一路。

4）客厅空调插座一路。

5）卫生间热水器插座一路。

6）卧室空调一路。

7）书房空调一路

（4）按划线位置正规开槽，用电切割机开槽，敷设管槽的切割深度为 PVC 管直径加 10 mm，宽度按预埋线管数量确定，管槽宽度尺寸不得过大，应符合线管的尺寸。踢脚砖位置，管槽切割深度为 PVC 管直径加 20 mm，线盒槽切割尺寸符合底盒宽度、深度，底盒边间隙为 5 mm 缝隙预埋，线盒埋平墙面为标准。弯头、管与管直接连接等处要用 PVC 胶水黏合严实紧密，无脱口。地面线管槽全部预埋平地面，不得凸出地平面。线盒用水泥砂浆（比例1：3）填实，预埋牢固、端正、垂直，线管固定牢固。PVC线管预埋走线全部用建筑混凝土。

（5）天花板吊顶配线按正规施工，先敷设线管、接线盒，然后用管卡固定，保证无松动，灯头线管用金属管预留50 cm长，预留灯头位置准确。

（6）敷设线管遇到90°墙角转角时，线管不得用力敲，也不得用手硬折弯，应用专门工具压弯形成自然转弯，安装应牢固、无松动。

（7）敷设线管遇到热水管，应分开配线管，两管分开间距为20 cm，热水管向下走，电线管向上走。

（8）室内导线管应按强电、弱电线路分开埋管布线，室内照明线路、普通插座线管、空调插座线管、厨房、卫生间等用电设备线路每一路都应由漏电保护器控制。

（9）照明线路、插座线路等，相线导线颜色为红、黄、绿、白色，零线为浅蓝、深蓝，接地保护线为双色线。

（10）每台主机电器电源插座都应连接保护接地线，导线不得在线管内有接线头。导线在接线盒内备用线，接头用防水胶布包实，缠绕不得少于6圈，不得有松懈。灯头、开关、插座面板导线连接要用接线柱螺钉拧紧，不得有松懈。三孔插座右边符号L为相线，左边符号N为零线，符号E为保护接地线。

（11）线盒垂直于墙面安装，线盒内预留导线长15 cm。收线缠绕圈压实在线盒内，裸露导线头用绝缘胶包封，压实在线盒内。外挂导线收线缠绕圈用胶布包圈，不得随意零散吊挂。

（12）照明开关、电源插座、电视机插座、电话插座、网络插座盖封板、智能控制箱、网络中端箱等，安装要端正、牢固、无松动，紧贴墙面，四周无空隙，开关灵活，开启方向按材料标识说明安装。

（13）灯具、排气扇、抽油烟机、空调挂机、浴霸，要用漏电断路器控制，各种电器安装要端正牢固，四周无空隙，无松动。

模块四　塑料线槽线路的施工

　　塑料线槽布线方式适用于科研实验室或预制墙板结构无法安装的暗敷配线工程，也适用于工程改造更换及增设新的线路等场合。806系列塑料线槽由硬聚氯乙烯工程塑料挤压成型，它由槽底和槽盖组合而成，每根长2 m。塑料线槽具有阻燃性、质量轻、安装及维修方便等特点。

一、塑料线槽的选择

1. 塑料线槽规格及型号

　　806系列线槽按其宽度有25 mm、40 mm、60 mm、80 mm四种尺寸，型号分别为VXC-25、VXC-40等。其中宽25 mm线槽的槽底有两种形式：一种为普通型，底为平面；另一种底有两道隔楞，即三槽线。VXC-25 S用于照明线路敷设，VXC-40～80型用于动力线路敷设，806系列塑料线槽规格及结构如图3—24所示。

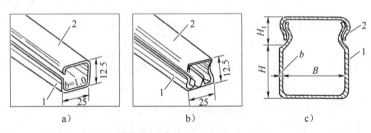

图3—24　806系列塑料线槽规格及结构

a）VXC-25 线槽的规格　b）VXC-25S 三槽线的规格　c）线槽截面积

1—线槽底　2—线槽盖

2. 塑料线槽的选用

　　在选用塑料线槽时，应根据导线直径及线槽中导线的数量确定线槽的规格，还应根据敷设线路的具体情况选用塑料线槽，VXC型塑料线槽规格及尺寸，可参照表3—3选用。

表 3—3　　　　　　　　　VXC 型线槽规格尺寸　　　　　　　（mm）

型号	B	H	H_1	b
VXC-40	40	15	15	1.2
VXC-60	60	15	15	1.5
VXC-80	80	30	20	2.0

3. 塑料线槽内的配线。塑料线槽内的配线，应根据线槽内空间面积配线，可参照表 3—4 选取。

表 3—4　　　　　　　　　塑料线槽配线表

导线规格（mm²）　　　线槽底宽（mm）　　　导线数	BV、BVL 聚氯乙烯绝缘导线（耐压 500 V）				
	两根单芯	三根单芯	四根单芯	五根单芯	六根单芯
1	25	25	25	25	25
1.5	25	25	25	25	25
2.5	25	25	25	25	25
4	25	25	25	25	40
6	25	25	25	40	40
10	25	40	40	40	40
16	40	40	40	40	40

二、塑料线槽线路的施工

1. 线路固定点的标划

按照施工图划出线槽走向，同时标出所有线路装置、用电器具的安装位置和线槽的固定点。根据电源控制箱、开关盒、灯座和插座的位置，量取各段线槽的长度，用锯分别截取，在线槽分支处和转弯处可采取拼接方法或用成套配件进行连接。为使线路安装得整齐、美观，塑料线槽应尽量沿房屋的线脚、槽梁、墙角等处敷设，并与用电电器的进线口对正、与建筑物面平行或垂直。

2. 塑料线槽的固定

塑料线槽应先敷设线槽底，用手电钻在线槽内钻孔，钻孔直径为 4.2 mm 左右，线槽两端孔的位置一般为 5～10 mm，线槽中间应以不小于 50 cm 间距均匀地设置固定点，为固定线槽做准备；墙的固定点用冲击钻钻孔，钻孔直径为 8 mm 左右，其孔深度应大于塑料胀管长度，然后埋好塑料胀管，随后固定线槽底。塑料胀管的固定方法如图 3—25 所示。

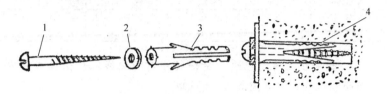

图 3—25　塑料胀管的固定方法

1—螺钉　2—垫圈　3—塑料胀管　4—塑料胀管固定在墙内

3. 塑料线槽的敷设

塑料线槽的敷设及常用对接方法如图 3—26 所示，塑料线槽明敷设照明线路及成套附件如图 3—27 所示。

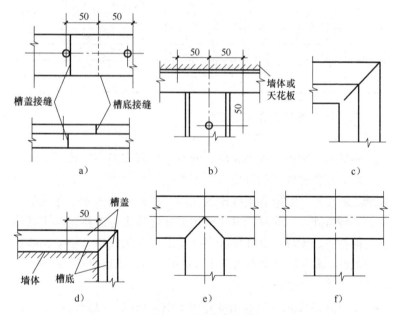

图 3—26　常用塑料线槽的敷设及对接方法

a) 槽底与槽盖的对接做法　b) 顶三通接头槽底做法　c) 槽盖平拐角做法

d) 槽底与槽盖外拐角做法　e)，f) 槽盖分支接头做法

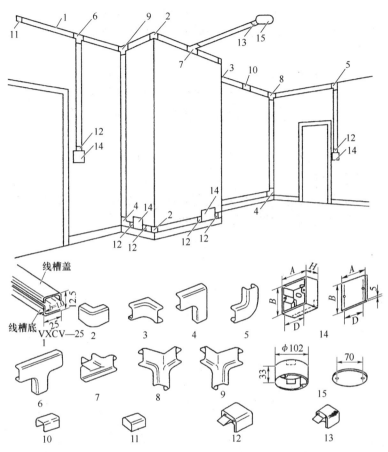

图 3—27　塑料线槽明敷设照明线路及成套附件示意图

1—塑料线槽　2—阳角　3—阴角　4—直转角　5—平转角　6—平三通　7—顶三通　8—左三通　9—右三通　10—连接头　11—终端头　12—接线盒插口　13—灯头盒插口　14—接线盒、盖板　15—灯头盒、盖板

4. 敷设导线

敷设导线应以一支路一条塑料线槽为原则，线槽内不允许有导线接头，以减少隐患，如必须接头时要加装接线盒。导线敷设到灯具、开关、插座等接头处，要留出 10 cm 左右的接线头用作

接线，在配电箱和集中控制的开关板等处，要按实际需要留足够的长度，并在线段上做好统一标记，以便接线时识别，确保接线正确。

5. 固定线槽盖

在敷设导线时，应先将导线放置于线槽内，随后扣紧槽盖。

三、塑料线槽线路施工的注意事项

1. 线槽的固定要牢固可靠不能走形。

2. 施工时测量各线槽的位置一定要准确，确保横平竖直及节省原材料。

3. 槽底接缝与槽盖接缝应尽量错开，线槽盖两侧都要扣牢。

4. 不可因槽内导线太满而使槽壁变形。

第四单元　室内照明线路装置安装与检修

模块一　室内线路电气元件选择

一、低压开关

低压开关主要用来接通和分断电路，起控制、转换、保护和隔离作用。室内线路常用的低压开关有刀开关、铁壳开关、断路器和漏电断路器等。

1. 刀开关

刀开关是结构最简单，应用最广泛的一种低压电器，其种类很多。这里只介绍一种带有熔断器的刀开关——瓷底胶盖刀开关。HK1系列瓷底胶盖刀开关是由刀开关和熔体两部分组合而成的一种电器，瓷底板上装有静插座、接熔体端子、带瓷质手柄的闸刀等，并有上、下胶盖用来遮盖电弧。HK1—30/3刀开关的外形和内部结构如图4—1所示。

（1）用途。这种开关适用于额定电压为 380 V 或直流 440 V、额定电流不超过 60 A 的电动机、电热、照明等各种配电设备中，供不频繁地接通和切断负载电路，并起短路保护作用。三极刀开关由于没有灭弧装置，因此在适当降低容量使用时，也可用作小容量异步电动机不频繁直接启动和停止的控制开关。

（2）选用。刀开关分有两极和三极两种，两极的额定电压为 220 V 或 250 V，额定电流有 10 A、15 A 和 30 A 三种，三极的额定电压为 380 V 或 500 V，额定电流有 15 A、30 A 和 60 A 三种。开关的选用主要根据控制线路额定电压、电流和负载性质确定，线路额定电压和负载性质是已知的，开关的额定电流可依据

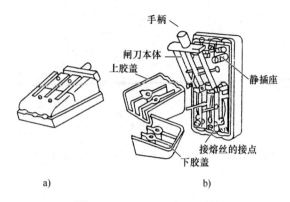

图 4—1　HK1—30/3 刀开关

a) 外形图　b) 结构图

下面的情况确定。

1）电灯和电热负载。开关的额定电流 I_{NS} 应不小于所有负载的额定电流 I_{NL} 之和。即：

$$I_{NS} \geqslant \sum I_{NL}$$

2）电力负载。电动机容量不超过 3 kW 时可选用刀开关，刀开关的额定电流 I_{NS} 应不小于电动机额定电流 I_{NM} 的 2.5 倍。即：

$$I_{NS} \geqslant \sum 2.5 I_{NM}$$

（3）安装

1）刀开关安装时应做到垂直安装，使闭合操作时手柄操作方向为从下向上合，断电操作时手柄操作方向为从上向下分。不允许采用平装或倒装，以防止产生误合闸。

2）刀开关接线时，电源进线应接在刀开关上面的进线端子上，用电设备电源引线应接在刀开关下面熔体接线端子上，使刀开关断开后，闸刀和熔体上不带电。

3）刀开关用作电动机控制开关时，应将开关熔体部分用导线直接连接，并在出线端加装熔断器作短路保护。

4）刀开关安装后，应检查闸刀和静插座接触是否成直线和接触紧密。

5）更换熔体时必须按原规格在闸刀断开的情况下进行。

2. 铁壳开关

铁壳开关或称封闭式负荷开关，常用 HH 系列铁壳开关的结构及外形如图 4—2 所示，它主要由刀开关、熔断器、操作机构和钢板（或铸铁）外壳等构成，开关操作机构装有机械联锁装置，欲使盖子打开时开关不能合闸，或者开关合闸时盖子不能打开，以保证操作安全。同时，还装有速断弹簧，使刀开关能够快速分、合电路，其分、合速度与手柄的操作速度无关，有利于迅速熄灭电弧。

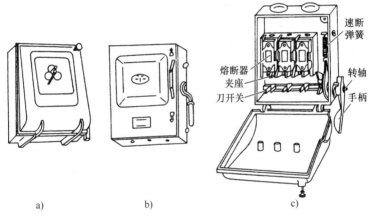

图 4—2　铁壳开关

a) 60 A 及以下外形图　b) 60 A 以上外形图　c) 结构图

（1）用途。铁壳开关适用于各种配电设备中，供手动不频繁接通和分断负载电路，并可作为交流异步电动机不频繁直接启动及停止控制，且具有短路保护功能。

（2）选用

1）电灯、电热负载。开关额定电流（I_{NS}）应不小于所有负载额定电流之和（I_{NL}）。即：

$$I_{NS} \geqslant \sum I_{NL}$$

2）电力负载。对单台电动机除了满足开关额定电流 I_{NS} 应不小于所有负载的额定电流 I_{NM} 以外，还必须满足开关内熔断器额定电流 I_{NF} 应不小于 1.5～2.5 倍电动机额定电流 I_{NM}。即：

$$I_{NS} \geqslant \sum I_{NM}$$

$$I_{NF} \geqslant (1.5～2.5) \ I_{NM}$$

（3）安装

1）开关必须垂直安装，安装高度一般不低于 1.3～1.5 m，并以操作方便和安全为原则。

2）接线时，应将电源进线接在刀开关静插座接线端子上，用电设备电源引线应接在熔断器出线端子上。

3）开关外壳的接地螺钉必须可靠接地。

3. 低压断路器

低压断路器（或称自动空气开关）是一种能自动切断故障电流并兼有控制和保护功能的低压电器，它的基本结构有触点系统、灭弧装置、操作机构和保护装置等。低压断路器的优点有操作安全、安装简便、工作可靠、分断能力较强等，具有多种保护功能，应用十分广泛。低压断路器按极数分为单极、两极、三极和四极断路器，如图 4—3 所示。

图 4—3　低压断路器

a）单极　b）两极　c）三极　d）四极

（1）用途。低压断路器通常用作电源开关，当电路中发生短路、欠电压和过载等非正常现象时，能自动切断电源。小型断路器，适用于交流 50 Hz、额定电压小于 400 V、额定电流小于 100 A 的场所，它主要应用于办公楼、住宅等照明配电线路。

（2）选用。断路器额定电压和额定电流应不小于电路的正常工作电压和电路实际工作电流。

（3）安装。低压断路器一般应垂直安装，并保证操作安全方便。当低压断路器用作总开关时，在断路器的电源进线侧必须加装隔离开关、刀开关或熔断器，作为明显分断点。

4．漏电断路器

漏电断路器可以起过载保护、短路保护、人身间接触电保护，还可对漏电进行采取有效措施切断电源。它主要用于当发生人身触电或漏电时，能迅速切断电源，保障人身安全，防止触电事故发生。漏电断路器按极数分为单极、两极、三极和四极断路器，如图4—4所示。

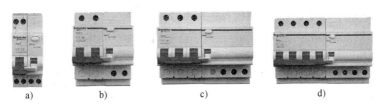

图4—4　漏电断路器
a）单极　b）两极　c）三极　d）四极

漏电断路器的用途。小型漏电断路器适用于交流50 Hz、单相电压小于230 V、三相电压400 V的线路中。当电路漏电电流超过规定值时，漏电断路器能在0.1 s内自动切断电源，对人体提供间接触电保护并防止设备因漏电电流造成事故。

漏电断路器的选用、安装与断路器基本相同，这里不再介绍。

二、熔断器

熔断器是配电电路及电动机控制电路中用作短路和过载保护的电器，熔断器主要由熔体和安装熔体的熔管、熔座三部分组成。

1．用途

熔断器串联在被保护电路中，当电路短路时，由于电流急剧增大，使熔体过热而瞬间熔断，以保护线路和线路上的设备不致损坏，所以它主要作为短路保护。对于容量较小的电动机和照明线路的简易短路保护，可选用 RC1A 系列瓷插式熔断器，结构及组成如图 4—5 所示。机床控制线路及有震动的场所，常采用 RL1 系列螺旋式熔断器，结构及组成如图 4—6

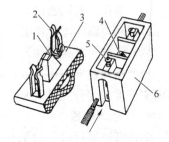

图 4—5　RC1A 系列瓷插式熔断器
1—熔丝　2—动触头　3—瓷盖
4—空腔　5—静触头　6—瓷座

所示。用电量较大的动力电网或成套配电设备，可选用 RM10 系列管式熔断器，其结构及组成如图 4—7 所示。

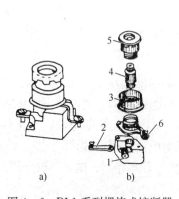

图 4—6　RL1 系列螺旋式熔断器
a) 外形　b) 结构
1—瓷座　2—下接线端子　3—瓷套
4—熔断管　5—瓷帽　6—上接线端子

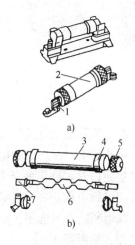

图 4—7　RM10 系列封闭管式熔断器
a) 外形　b) 结构
1—夹座　2—熔断管　3—钢纸管
4—黄铜套管　5—黄铜帽　6—熔体
7—刀形夹头

2. 选用

（1）熔断器的选择。选择熔断器时不仅要满足熔断器规格，还应符合线路要求和安装条件，而且必须满足熔断器的额定电压应不小于线路工作电压，熔断器额定电流应不小于所装熔体额定电流。

（2）熔体额定电流的选择

1）电灯和电热线路。熔断器熔体额定电流 I_{RN} 不小于所有负载额定电流 I_N 之和。即：

$$I_{RN} \geqslant \sum I_N$$

当用电设备装接容量较大时，可考虑乘 0.8 以上用电设备利用率。

2）单台电动机线路。熔断器熔体额定电流 I_{RN} 应不小于 1.5～2.5 倍电动机额定电流 I_N（启动系数取 2.5 仍不能满足时，可放大到不超过 3）。即：

$$I_{RN} \geqslant (1.5 \sim 2.5) I_N$$

3）多台电动机线路。熔断器熔体额定电流 I_{RN} 应不小于 1.5～2.5 倍单台电动机最大额定电流 I_{Nmax}，加上其他所有电动机额定电流 $\sum I_N$。即：

$$I_{RN} \geqslant (1.5 \sim 2.5) I_{Nmax} + \sum I_N$$

（3）安装

1）熔断器应完整无损，接触紧密可靠，并应有额定电压、电流值的标示。

2）瓷插式熔断器应垂直安装，熔丝端头应在螺钉上顺时针方向缠绕，压在垫圈下，拧紧螺钉的力应适当，以保证接触良好，同时注意不能损伤熔丝，以免减小熔体截面积，产生局部发热而产生误动作。螺旋式熔断器的电源进线应接在底座中心端接线端子上，用电设备应接在螺旋壳接线端子上。

3）熔断器内应安装合格的熔体，不能用多根小规格熔体并联代替一根大规格熔体。

4）安装熔断器时，各级熔体应相互配合，并做到下一级熔体比上一级规格小。

5）熔断器应安装在各相线上，在三相四线制或二相三线制的中性线上严禁安装熔断器，二相二线制中性线上应安装熔断器。

三、电灯开关

电灯开关的作用是接通或断开电路。开关按其操作方式可分为拉线式开关、扳把式开关、旋钮式开关、触摸式开关、声控式开关、光控式开关等。按其控制方式又分为单控开关、双控开关、多控开关、延时开关、调光开关等。扳把式开关、跷板式开关的一块面板上，一般可以安装 1～4 个开关，每个面板开关的个数又分为单联、双联、三联、四联（一位、二位、三位、四位）等开关。跷板式暗装开关面板有的带指示灯，并有防潮、防溅型。

电灯常用开关和适用场合见表 4—1。

表 4—1　　　　　　　　电灯常用开关和适用场合

名称	外形	规格	适用场合
拉线开关（普通型）	表 4—1—①图	4 A，250 V	适合用于户内一般场所的墙壁开关
顶装式拉线开关	表 4—1—②图	3 A，250 V	适合用于户内顶装一般场所，接线盒与开关合一
防水拉线开关	表 4—1—③图	5 A，250 V	适合用于户外一般场所或有水汽、有漏水等严重潮湿地方

名称	外形	规格	适用场合
一位单控开关 一位双控开关	表4—1—④图	10 A，250 V	安装在户内墙壁，一位单控开关可控制一盏灯线路，一位双控开关可用在两地控制一盏灯线路
二位单控开关 二位双控开关	表4—1—⑤图	10 A，250 V	安装在户内墙壁，二位单控开关可控制两盏灯线路，二位双控开关有两个开关可分别用在两地控制一盏灯线路
三位单控开关 三位双控开关	表4—1—⑥图	10 A，250 V	原理同上
四位单控开关	表4—1—⑦图	10 A，250 V	原理同上
触摸延时开关	表4—1—⑧图	230 V，100 W 延时时间： 1~3 min	在夜间时寻找开关位置，具有高亮度指示灯，使用时只需轻触面板，电路即通，人离开后自动延时关闭

名称	外形	规格	适用场合
声光延时开关	 表4—1—⑨图	230 V，100 W 延时时间： 1～3 min	在夜间时，使用时只需发出响声，电路即通，人离开后自动延时关闭，可节电约80%
人体感应开关	 表4—1—⑩图		在夜间时，当行人进入感应范围时能自动开启，接通控制电路，人离开后自动延时断开，可节电约80%

注意： 墙壁开关有暗装和明装之分，暗装开关一般在土建工程施工过程中安装接线盒，竣工后安装开关。明装开关一般安装在木台上或直接安装在墙壁上。

四、照明灯

按照发光原理来划分可将照明灯具分为三大类。第一类是热辐射光源灯具，如白炽灯、卤钨灯；第二类是气体放电光源灯具，如荧光灯、电子节能灯；第三类是半导体节能照明灯具，如 LED 灯。灯具的作用是固定光源、控制光线，把光源的光能分配到需要的方向，使光线集中，以提高照明度。装饰照明灯应用场所，要防止眩光及保护光源不受机械撞击、潮湿或有害气体的影响。常用照明灯和适用场合见表 4—2。

名称	外形	特点	应用场合
白炽灯	 表4—2—①图	白炽灯（逐步淘汰产品）是利用电流通过灯丝电阻的热效应将电能转换成光能和热能。白炽灯结构简单，使用可靠，价格低廉，电路便于安装和维修；白炽灯发光效率较低，能耗高，寿命不长，使用寿命一般为 750～2 500 h	居室、办公室、楼道等，安装在照明要求不高的场合
荧光灯	 表4—2—②图	光色好、发光效率高、寿命长；功率因数低，结构复杂，工作不稳定，电压低时难启动，使用寿命一般为 1 000～2 000 h	居室、办公室、教室、图书馆、商场和地铁等，对显色性要求较高的场合
三基色节能型荧光灯或称特型荧光灯	 表4—2—③图	三基色节能型荧光灯，体积小、光色柔和、显色性好，外形有 U 形、H 形、O 环形、W 形，价格低廉，比普通灯节能30%左右，发光效率比白炽灯高5～7倍，即一支7 W的三基色荧光灯发出的光通量，与一只普通40 W白炽灯发出的光通量相同，使用寿命一般为 1 000～10 000 h	居室、办公室、商店和工厂等，一般安装在室内屋顶的场合

名称	外形	特点	应用场合
电子节能灯	 表4—2—④图	电子节能灯是使用电子镇流技术制成的一体化荧光灯，是一种环保型节能照明灯，它可直接代替白炽灯使用，具有发光效率高、寿命长，在相同照度情况下用电量仅为白炽灯的20％左右。使用寿命同上	居室、厨房、卫生间、办公室、楼道、商场、宾馆饭店等照明要求一般的场合
LED灯	 表4—2—⑤图	高光效，高节能，光色多，安全性高，设计形状多样化，寿命长，造价高，使用寿命一般为5 000～20 000 h	居室、车间、办公室、道路、绿化区商场、宾馆饭店等要求照明光色多的场合

五、灯座和插座

1.灯座和挂线盒

（1）灯座品种较多，常用灯座外形结构和应用场合见表4—3。

（2）挂线盒。挂线盒是悬挂吊灯或连接线路的元件，一般有塑料和瓷质两种。常用灯座和挂线盒的外形和用途见表4—3。

表 4—3　　　　　常用灯座和挂线盒外形和适用场合

名称	外形	规格	应用场合
螺口吊灯座	 表 4—3—①图	3 A，250 V	集体场所的一般户内吊灯，民用户内潮湿环境或公用场合
螺口平灯座	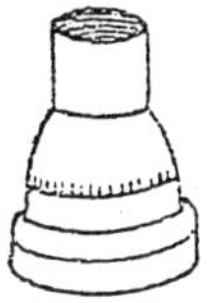 表 4—3—②图	4 A，250 V	集体场所的一般户内平装灯，民用户内潮湿环境或公用场合的吊式灯
防水吊灯座（螺口）	 表 4—3—③图	4 A，250 V	户外吊式灯，或户内有水汽、漏雨水场所的吊式灯
挂线盒	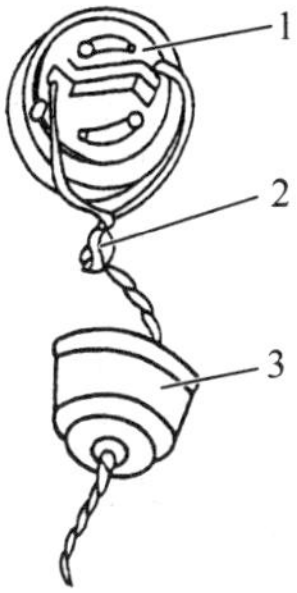 表 4—3—④图	5 A，250 V 10 A，250 V	在安装吊灯时，用挂线盒固定导线和承受吊灯质量，材质有胶木、瓷质，1—挂线盒底座，2—导线结扣，3—挂线盒罩盖

2. 插座

插座的作用是为移动照明电器、家用电器和其他用电设备提供电源，插座有明装和暗装之分，按基本结构分为单相双极双孔、单相三极三孔（有一极为保护接地）和三相四极四孔（有一极为保护接零或保护接地）插座等。一块面板上按其插座的个数分有单联插座、双联插座、三联插座等。有的插座面板上带有电源指示灯、开关和熔断器。室内线路常用插座外形和应用场所见表 4—4。

表 4—4　　　室内线路常用插座外形和应用场所

名称	外形	规格	应用场所
二极扁圆插座	表 4—4—①图	10 A，250 V 15 A，250 V	供给 220 V 电源电器插头使用，并且带开关控制
双联二极扁圆插座	表 4—4—②图	10 A，250 V	供给 220 V 电源电器插头使用，并提供两个扁圆插座
三极扁脚插座	表 4—4—③图	10 A，250 V 16 A，250 V	供给 220 V 电源电器三极扁脚插头使用，适用于具有接地保护的电器
二极、三极扁脚插座	表 4—4—④图	10 A，250 V	供给 220 V 电源电器二、三极插头使用，并适用于具有接地保护的电器

模块二　照明器具的安装

一、照明器具安装的要求

照明器具安装包括灯具、开关、插座和挂线盒等，它是建筑电气安装工程的主要分项工程，在安装技术要求方面，可概括八个字：正规、合理、牢固、整齐。

照明器具安装的具体要求如下：

（1）各种灯具、开关、插座和挂线盒以及所有附件的品种规格、性能参数，如额定电压、额定电流必须满足使用的要求。

（2）灯具和附件应适合使用环境的需要，如在户内特别潮湿、易燃或易爆的场所，则必须相应采用具有防潮或防爆结构的灯具和开关。

（3）灯具的安装高度，室外一般不低于 3 m，室内一般不低于 2.4 m。如果特殊情况难以达到上述要求时，可采取相应的保护措施或改用 36 V 安全电压供电。

（4）根据不同的安装场所和用途，照明灯具使用的导线最小芯线截面积应符合表 4—5 的规定。

表 4—5　　　　　　　　芯线最小的允许截面积　　　　　　（mm²）

最小允许截面积　导线分类　安装场所及用途		铜芯软线	铜线	铝线
照明用灯头线	民用建筑室内	0.4	0.5	2.5
	建筑室内	0.5	0.8	2.5
	室外	1.0	1.0	2.5
移动用电设备线	生活用	0.75	—	—
	生产用	1.0	—	—

（5）室内照明开关一般安装在门边便于操作的位置上，拉线开关一般离地 2～3 m，跷板暗装开关一般离地 1.3 m，与门框的距离一般为 150～200 mm。

（6）明插座的安装高度一般应离地 1.4 m，在托儿所、幼儿园、小学校等处安装的明插座一般应不低于 1.8 m；暗装插座一般应离地 300 mm。同一场所安装插座的高度应一致，其高度相差一般应不大于 5 mm，几个插座成排安装，高度差应不大于 2 mm。

（7）室内壁灯、吸顶灯要牢固地安装在建筑物的平面上。吊灯必须装接挂线盒，每只挂线盒只允许接装一盏电灯（双管荧光灯及特殊吊灯例外）。吊灯电源引线的绝缘必须良好，较重或较大的吊灯必须采用金属链条或其他方法支持。灯具和附件的连接，必须正确、牢固、可靠。

二、照明器具的安装

室内灯具的安装方式，主要是根据配线方式、室内净高、对照度和环境等要求来确定，照明灯具按安装方式可分为悬吊式、嵌入式、吸顶式、壁装式及座装式等，室内常见灯具的安装方式如图 4—8 所示。

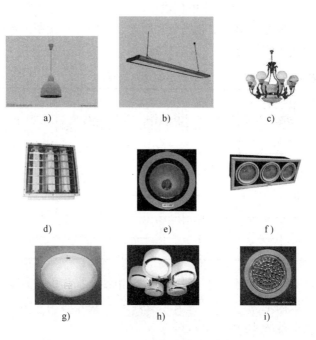

图 4—8　室内常见灯具的安装方式

a）电子节能灯悬吊式　b）直管形荧光灯悬吊式　c）多盏灯悬吊式　d）三盏直管形荧光灯嵌入式　e）一盏电子节能灯嵌入式　f）三盏电子节能灯嵌入式　g）三基色节能灯吸顶式　h）电子节能灯吸顶式　i）LED 灯吸顶式

室内灯具的固定一般需要用到挂线盒和木台两种配件，木台先固定在屋顶或墙上，然后将挂线盒固定在木台上。

1. 木台的安装

在安装木台前应先对其进行加工，在木台面上用电钻钻上三个孔，孔的大小应根据导线截面积选择，一般为 ϕ3～4 mm。如果是导线明配线，应在木台正对导线的一面锯两个豁口，接着将导线卡入圆木的豁口中，用木螺钉穿过木台固定在事先完工的预埋木桩上，如图 4—9 所示。

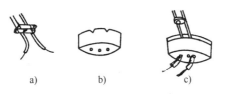

a)　　　　b)　　　　c)

图 4—9　木台的安装

a) 电源线　b) 加工后木台　c) 固定木台

2. 挂线盒的安装

现以塑料挂线盒安装过程为例介绍挂线盒的安装。先将木台上的电线头从挂线盒底座中穿出，用木螺钉将挂线盒紧固在木台上，如图 4—10a 所示。然后将伸出挂线盒底座的线头剥去 15～20 mm 绝缘层，弯成接线圈后，分别压接在挂线盒的两个接线柱上。再按灯具的安装高度要求，取一段塑料花线做挂线盒与灯头之间的连接线，上端接挂线盒内的接线柱，下端接在灯头接线柱上，如图 4—10b 所示。为了不使接线柱处承受灯具重力，吊灯电源线在进入挂线盒盖后，在离接线端头 40～50 mm 处打一个灯头扣，如图 4—10c 所示。这个结扣正好卡在挂线盒孔里，承受着悬吊部分灯具的重力。

如果是瓷质挂线盒，应在离上端头 60 mm 左右的地方打结，再将线头分别穿过挂线盒两棱上的小孔固定后，与穿出挂线盒底座的两根电源线头相连接，最后将接好的两根线头分别弯入挂线盒底平面两侧。其他的操作方法与塑料挂线盒的安装方法相同。

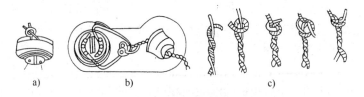

图 4—10 挂线盒的安装

a) 挂线盒紧固在木台上 b) 确定挂线盒与灯头之间的连线长度

c) 挂线盒与灯头之间的连接线打结扣

3. 灯座的安装

（1）平灯座的安装。平灯座上有两个接线柱，一个与电源的中性线连接，另一个与来自开关的相线连接。接线柱本身制有螺纹，可压紧导线。插口平灯座上两接线柱可任意连接，而螺口平灯座两个接线柱，必须把电源中性线（俗称零线）线头连接在通螺纹的接线柱上，把来自开关的连接线线头连接在通中心簧片的接线柱上，如图 4—11 所示。

（2）吊灯座的安装。吊灯座必须用两根胶合塑料软线或花线作为与挂线盒（接线盒）的连接线，具安装步骤是：

第一步：将导线两端绝缘层削去，并把线芯绞紧，便于接线。

第二步：如图 4—12a 所示，把上端导线穿入挂线盒。

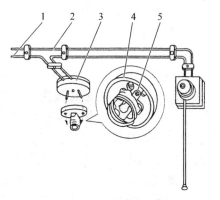

图 4—11 螺口平灯座的安装

1—中性线 2—相线 3—木台

4—螺口灯座 5—连接开关接线柱

挂线盒罩孔内打个结扣，使其能承受吊灯的质量，此时应使挂线盒罩盖 3 大口朝上，否则无法与底座 1 旋合。然后把上端两线头分别穿入挂线盒底座 1 的两个侧孔里，再分别接在两个接线柱上，最后旋上罩盖 3。

第三步：如图 4—12b 所示，将下端导线穿入吊灯座盖 4 的孔内并打结，然后把线头分别接在灯头的两个接线柱上，罩上灯头座盖即可。安装好的吊灯如图 4—12c 所示。安装好后灯泡的高度，一般规定离地面 2.5 m，也可以是成人伸手向上碰不到为准，且灯头线不宜过长，也不应打结。

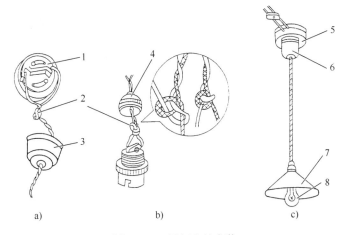

图 4—12 吊灯座的安装

a) 挂线盒内接线 b) 吊灯座安装 c) 装成的电灯

1—接线盒底座 2—导线结扣 3、6—挂线盒罩盖

4—吊灯座盖 5—挂线盒 7—灯罩 8—灯泡

（3）吊灯灯具质量超过 3 kg 时，它的固定有两种情况，一种是正在建筑过程中，应预埋螺栓进行固定，其做法如图 4—13a、图4—13b 所示。第二种建筑工程已经完工，没有预留固定装置，可采用金属胀管固定，安装胀管前，先在划定位置钻孔，孔径大小应与胀管粗细相同，孔深略长于胀管，其做法如图 4—13c、图4—13d 所示。软线吊灯的质量不超过 1 kg，超过 1 kg 应加装吊链。

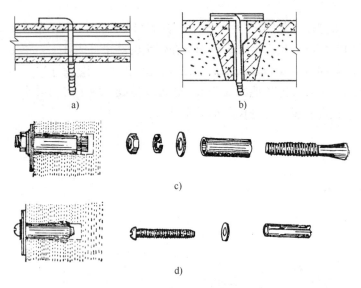

图 4—13　吊灯灯具质量超重的固定方式

a）空心楼板吊挂螺栓　b）沿预制板缝吊挂螺栓

c）沉头式胀管固定　d）箭尾式胀管固定

三、灯具附件的安装

1. 照明配电箱的安装

照明配电箱的安装方式有墙上明装和嵌入墙内暗装两种方式，室内照明配电箱安装一般是嵌入墙内暗装的方式，如图4—14 所示。

图 4—14　照明配电箱嵌入墙内暗装方式

a）控制面板　b）照明配电箱

照明配电箱一般装在电源进口处，并尽量靠近负荷中心，它的安装方法是先把支架埋在墙上或用胀管固定在墙上，然后将配电箱固定在支架上，再进行穿线和接线。嵌入墙内暗装式通常是按设计指定的位置，在土建砌砖时先把嵌架埋在墙内，使箱面稍稍凸出墙面，然后进行正面结构安装和穿线，最后接线、编号标注控制区域和安装面板等。

2. 开关的安装

开关有明装开关和暗装开关之分，明装开关是将开关安装在建筑物表面上，暗装开关都是在施工前设计好的，只要使用前稍微加修整就可以使用。开关一定要安装在相线上，以便断开时开关以下电路不带电。

（1）拉线开关的安装

第一步　根据需要剥削导线线头绝缘层。

第二步　单联开关一般都装在木台上固定，所以木台制作要美观，固定要可靠，压线要合理。其操作方法是将一根相线和一开关线分别穿木台两孔眼，如图4—15a所示。

第三步　用木螺钉将开关固定在木台上并压紧导线连接，装上开关盒，如图4—15b所示。

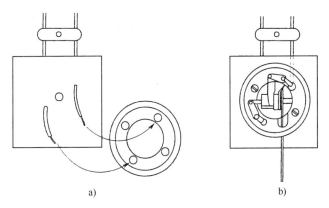

a)　　　　　　　　　　　b)

图4—15　拉线开关安装图

a）装上木台　b）装上开关并接线

（2）墙壁开关的安装。墙壁开关的安装可分为暗装和明装两种。暗装开关的安装方法如图4—16a所示，安装前应事先把开关盒按设计要求埋设在墙内，要求埋设平正，开关盒口与墙的抹灰层表面要平齐，安装时先穿线，然后把开关用螺栓固定在盒内，最后接线，装上开关面板。明装开关的安装方法如图4—16b所示。安装扳把开关时，无论是暗装开关还是明装开关，都应装成上扳是接通电路，下扳是切断电路。

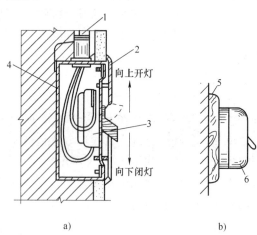

图4—16　墙壁开关的安装示意图

a）暗装开关　b）明装开关

1—电线管　2—开关面板　3、6—开关　4—开关盒　5—木台

3. 插座的安装

插座一般有明装和暗装两种，其安装方法与开关相似。但应注意，双极插座左边极接零线，右边极接相线（面对插座看），简称"左零右火"接线；三极插座的上中极是接地极，它的接线柱必须与接地线连接，切不可借用零线接线柱作为接地线，如图4—17所示。

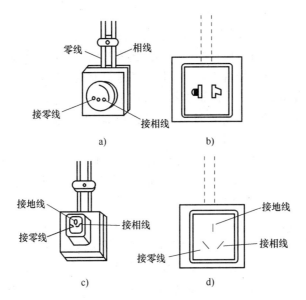

零线   相线

接零线   接相线

a)   b)

接地线   接相线

接零线

c)

接地线

接相线

接零线

d)

图 4—17　明装和暗装插座的接线

a)、c) 明装插座　b)、d) 暗装插座

模块三　装饰灯具的安装

电气照明是建筑物的重要组成部分,照明装饰灯具的设计、安装质量的优劣,直接影响建筑物的功能,还影响建筑的艺术效果。装饰灯具是集实用照明功能与装饰功能于一体的灯具,装饰灯具的种类繁多,造型千变万化,是非常重要的室内照明装置。

一、装饰灯具确定的原则

1. 确定布灯风格的原则

由于人们文化层次、业余爱好、年龄以及职业的不同,确定布灯的格调也不同。因此设置装饰灯具要从实际出发,要根据照明的功能、个人爱好及环境要求来确定装饰灯具特定的风格与效果。

（1）不同职业的布灯要求。如工程师、教师，一般爱清静，喜欢看书，会进行设计绘图、信息研究等活动，他们需要装饰灯具设置多样化，如台灯便于工作，落地灯有助于阅读，床头灯用来阅览报刊信息。若从事绘画、表演创作的工作，则要求装饰灯简单，但是对亮度要求较高，一般要选用壁灯、吊线灯、直射灯、反射灯、导轨射灯等。

（2）不同年龄层次的布灯要求。不同年龄段的人对装饰灯具的需求往往有所不同。老年人生活习惯简朴，爱静，主体灯可用单元组合宫灯形吊灯或吸顶灯，为方便老人起夜，可在床头设一盏低照度长明灯。中年人对装饰灯具的造型、色彩力求简洁明快，如主体灯可选用吸顶灯，辅助灯可选用旋臂式台灯或落地灯，以利学习工作。青年人对装饰灯具多要求突出新、奇、特，主体灯应彰显个性，造型富有创意、色彩鲜明。儿童装饰灯具最好是变幻莫测，增加儿童的想象力，以利于智力开发，主体灯力求简洁明快，可用简洁式吊灯或吸顶灯，做作业桌面上的灯光要明亮，可用动物造型台灯，但要注意保证照度，由于儿童好奇心强，好动，故灯具安装要绝对保证安全可靠。

2. 一般照明与局部照明的原则

人们习惯于在一个房内设置有一般照明用的主体灯，主体灯多是用吊灯或吸顶灯装在房间的中心位置。另外根据需要再设置壁灯、台灯、落地灯等作为辅助灯，用于局部照明或者辅助照明。例如房间层高不足 2.5 m，面积也不大，就不宜多层设置灯，特别不宜设大型吊灯，用一盏简洁漂亮的吸顶灯，再用一盏壁灯即可发挥一般照明与局部装饰的作用。晚上学习、工作再配以台灯，台灯罩选用半透明的塑料材质，上部漫射光亦可满足照明的需求。

3. 实用性与装饰性统一的原则

装饰灯具要与室内建筑装饰相适应，室内装饰灯具都应兼具实用性与装饰性，处理好两者的关系，能对室内装饰起到事半功倍的效果。

（1）灯具的实用性。灯具应能保证室内照明用光，确保用光卫生，保护眼睛，保护视力，光色无异常的心理或者生理反应。装饰灯具在选择与安装时一是要美观，二是要注意线路装置牢固可靠，确保安全，开关安装要方便、灵活。

（2）灯具的装饰性。一是观赏性，即灯具的材质优美，造型别致，色彩比较新颖美观。二是协调性，装饰灯具形式要通过精心设计，要与房间装饰协调，要与家具陈设配套，装饰灯具造型与家具型体要一致，能体现出主人的意境。

二、装饰灯具布光的要求

室内照明布光要根据环境配以不同数量、不同种类的灯具，除了满足人们对光质、视觉卫生、光源利用等要求之外，还要体现出不同的风格和个性。利用灯光可以调节人们对室内色光的感受，也可以利用冷暖色性，达到渲染或掩饰室内设计的作用。但应注意室内装饰的整体协调性，避免弄巧成拙。

1. 门厅、大堂及走廊照明

一般门厅、大堂及走廊的照明灯具，要选用小型的球形灯、扁圆形或方形吸顶灯，其规格、尺寸、大小应与客厅配套。有时也在门口处装设射灯。门厅、走廊用灯应与其他房间灯有主次之分，而大堂是公共建筑的大厅，它的布灯很重要，往往是标志性的装饰之一，应装饰得相对地富丽堂皇，豪华精致。

2. 客厅照明

客厅有大型的会客厅与家居客厅之分，大型会客厅应多以混合布灯为主，体现出豪华、精美的风格。理想的设计是：灯饰的数量与亮度都有可调性，使风格充分展现出来。采用一般照明与局部照明相结合的方式，即一盏主灯，再配其他多种辅助灯饰。如：壁灯、筒灯、射灯等。就主灯饰而言，若客厅顶层高在 2.5 m 以下的，宜用中档装饰性吸顶灯；顶层高在 3 m 左右，宜用中档豪华型吊灯；如果顶层高超过 3.5 m 以上的客厅，可选用档次高、规格尺寸稍大一点的花灯吊灯或吸顶灯。

3. 卧室照明

卧室主要的功能是休息，但不是单一的睡眠区，多数家庭中，卧室亦是化妆和存放衣服的场所，也是在劳动之余短暂休息之地。要发挥卧室的多种用途，必须对灯光装饰做周密的设计。

灯具造型、色彩的选择，要以营造安静、温馨的气氛为主。若想把卧室创造成浪漫或富有魅力的小天地，就要借助柔和、优美的灯光。照明方式以间接或漫射为宜。室内用间接照明，天花板的颜色要淡，反射光的效果才好，若用小型低瓦数聚光灯照明，天花板应是深色，这样可营造出浪漫柔和的氛围，尽量避免将床布置在吊灯的下方，这样人躺在床上时，才不会有灯光刺激眼睛。若卧室内有其他需要有亮度的设施，可根据需要设灯，如壁橱设置"拉门自开灯"，方便于取物。要显现壁画的魅力，可用射灯照明。梳妆台镜面两侧装设两盏小巧玲珑的壁灯，用光对称且无阴影，方便梳妆。在卧室内设置床头灯，不但要提供照明，也要满足主人躺读看书的用灯，这就需要床头灯既有亮度，又不眩目，一般采用可调光源灯，平时不"躺读"时，照度可低些，光色宜柔和。卧室装饰灯具要富有艺术性，这要借助装置新奇的灯，如动物型、根雕、花鸟型等，以产生奇特的效果。

4. 宴会厅

宴会厅是宴请高级贵宾的场所，灯饰应是宫殿式的，多由主体大型吸顶灯或吊灯以及其他筒灯、射灯或多盏壁灯组成。要求灯饰配套性较好，既有很强的照度又有优美的光线，显色性很好，但不能有眩光。

5. 餐厅

餐厅装饰灯具一般可用垂悬的吊灯，为了达到效果，吊灯不能安装太高，在用膳者的视平线之上即可。如餐桌为长方形，则安装两盏吊灯或长的椭圆形吊灯，吊灯要有光的明暗调节器及可升降功能，以便兼作其他工作用，餐厅光源宜采用暖色白炽灯，不宜用冷色荧光灯。因为菜肴讲究色、香、味、形，若受到冷色光的照射，将直接影响菜肴的成色，影响人的食欲。

6. 书房照明

书房的环境应文雅幽静，简洁明快。宜采用直接照明或半直接照明方式，光线最好从左肩上端照射，或在书桌前方装设亮度较高又不刺眼的台灯。专用书房的台灯，宜采用艺术台灯，如旋臂式台灯或调光艺术台灯，使光线直接照射在书桌上。书房一般不需全面用光，为检索方便可在书柜上设隐形灯。若是一室多用的书房，宜用半封闭、不透明金属工作台灯，即可将光集中投到桌面上，这样既满足作业平面的需要，又不影响室内其他活动。若是在座椅、沙发上阅读，最好采用可调节方向和可调节高度的落地灯。

三、装饰灯具安装材料的要求

1. 灯具

灯具必须是国家正式批准的产品，所有灯具应有产品合格证。灯具的型号、规格必须符合设计要求及国家标准的规定。灯内配线严禁外露，灯具配件齐全，无机械损伤、变形、油漆剥落、灯罩破裂、灯箱歪翘等现象。

2. 灯具导线

照明灯具使用的导线，其电压等级不应低于交流 500 V，其最小线芯截面应符合表 4—5 的要求。

3. 吊管

采用钢管作为灯具的吊管时，钢管内径一般不小于 10 mm。

4. 瓷接头

采用瓷接头应完好无损，所有配件齐全。

5. 支架

支架必须根据灯具的质量选用相应规格的镀锌材料制作。

6. 其他材料

胀管、木螺钉、螺栓、螺母、垫圈、弹簧、灯头铁件、铅丝、灯架、灯口、荧光灯脚、灯管、镇流器、电容器、启动器、启动器座、灯泡、熔断器、吊盒（法兰盘）、软塑料管、吊链、线卡子、灯罩、尼龙丝网、焊锡、焊剂（松香、酒精）、橡胶绝缘带、黏性塑料带、黑胶布、砂布、抹布、石棉布等均要符合技术要求。

7. 施工主要器具

（1）红铅笔、卷尺、小线坠、水平尺、手套、安全带、扎锥。

（2）锤子、錾子、钢锯、锯条、压力案子、扁锉、圆锉、剥线钳、扁口钳、尖嘴钳、丝锥、一字旋具、十字旋具。

（3）活动扳手、套丝板、电炉、电烙铁、锡锅、锡勺、台钳等。

（4）台钻、电钻、电锤、兆欧表、万用表、工具袋、工具箱、电工用梯等。

四、装饰灯具的安装要求

装饰灯具的安装一般分为灯具安装前的准备、安装前检查、组装灯具、安装灯具、通电试运行和交付使用六个环节。

1. 安装前的准备工作

在安装装饰灯具之前，要详细阅读产品合格证及说明书。

2. 灯具安装前的检查

检查灯具的安装场所是否符合安装技术要求。

3. 组装灯具

根据灯具说明书，检查灯具及配件是否齐全完好，按照说明书要求进行组装，组装后试通电。

4. 安装灯具

根据灯具安装形式和灯具说明书的技术要求，采取相应的安装方式。

5. 通电试运行

装饰灯具全部安装完毕，经过检查无误后，方可进行通电试运行。

6. 交付使用

通电试运行完成后可交付使用。

五、装饰灯具的安装顺序

1. 普通环形灯的安装顺序

（1）拆开包装，阅读灯具安装说明书。

（2）通电试灯好与坏，合格后把灯管取下，把底座上自带的试灯导线去掉，如图 4—18a 所示。

（3）把底座放到安装位置上，标划好底座固定的位置。按照标划位置打固定孔。

（4）在打好孔的位置放入胀管，装上固定底座螺钉，把底座放上去转个角度拧紧螺钉。

（5）接线要细心，每一根导线的连接必须规范、正确，以免接线松动造成导线接触不良，发生线路故障。

（6）把灯管装上，这时可以试灯是否会正常亮，如图 4—18b 所示。

（7）一切正常后再把灯罩盖好。

a)　　　　　　　　　　　b)

图 4—18　普通环形灯的安装

a) 拆下自带试灯线　b) 装上灯管

2. 壁灯的安装顺序

先根据灯具的外形选择合适的木台或灯具底托，把灯具摆放在灯头盒上面进行试装，四周留出的余量要对称，然后用电钻在木台上开好出线孔和安装孔，在灯具的底托上也开好安装孔，将灯具的灯头线从木台出线孔中引出，接在墙壁上的灯头盒内线头上，并包扎严密，将接头塞入盒内。把灯装上，试灯，一切正常后再把灯罩盖好。壁灯的安装如图4—19所示。

3. 花灯的安装顺序

组合式吸顶花灯的安装。根据预埋的螺栓和灯头盒的位置，在灯具的托板上用电钻开好安装孔和出线孔，安装时将托板托起，将电源线和灯具引出的导线连接并包扎严密。再把导线塞入灯头盒内，然后把托板的安装孔对准预埋螺栓，使托板四周和顶棚贴紧，用螺母将其拧紧，调整好各个灯口，悬挂好灯具的各种装饰物，并安装上灯泡，最后试灯。花灯的安装如图4—20所示。

图4—19　壁灯的安装

图4—20　花灯的安装

4. 吊灯的安装顺序

大的吊灯安装于结构层上，如楼板、屋架下弦和梁上，小的吊灯常安装在搁棚上，无论是单个吊灯还是组合吊灯，都由灯具厂一次配套齐全出厂，所不同的是单个吊灯可直接安装，组合吊灯要在组合后安装或在安装时边安装边组合。对于大面积照明，多采用吊杆悬吊灯箱和灯架的形式。

（1）安装顺序

1）先在结构层中预埋铁件或木砖。埋设位置应正确，并应有足够的调整余地。

2）在铁件和木砖上设过渡连接件，便于调收整顿件误差，这样可与里面件对正拧紧，如图 4—21a 所示

3）安装吊索直接钉、电源引线、扣盖及吊杆等，如图 4—21b 所示。

4）把灯装上，试灯，如图 4—21c 所示。吸顶灯所用光源的功率，一般白炽灯为 40～100 W，荧光灯为 30～40 W。

  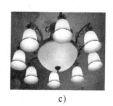

a)　　　　　　　　b)　　　　　　　　c)

图 4—21　吊灯的安装

a）固定底座　b）穿上挂线盒　c）吊灯安装完成

（2）注意事项

1）安装时如有多个吊灯，应留意它们的位置，可在安装顶棚的同时安装吊灯，这样可以以吊顶搁栅为依据，调整灯的位置和高低。

2）吊杆可用直接法和加套管法。加套管法有利于安装，可保证顶棚面板完整，仅在需要出管的位置钻孔即可。直接安装时板面钻孔不易找正。有时可能采用先安装吊杆再截断面板挖孔安装的方法，但对装饰效果有影响。

3）吊杆应有一定长度的螺纹，以备调节高低用。吊索吊杆下面悬吊灯箱，应留意连接的可靠性。

5. 吸顶灯的安装顺序

在安装吸顶灯时，一定要注意灯具的尺度大小要与室内空间相适应，结构上一定要安全可靠。安装时一定要安装牢固，否则很容易出问题。

（1）吸顶灯的安装顺序

1）吸顶灯的固定。把吸顶灯安装在砖石结构中时，要采用预埋螺栓或用膨胀螺栓、塑料胀管固定。用塑料胀管固定过度件如图 4—22a 所示。并且上述固定件的承载能力应与吸顶灯的质量相匹配，以确保吸顶灯固定牢固、可靠，并可延长其使用寿命。固定时不可以使用木楔，因为木楔不稳固，使用时间过长也容易腐烂。

如果用膨胀螺栓固定时，钻孔直径和埋设深度要与螺栓规格相符。钻头的尺寸要选择好，否则牢固性差。

固定灯座螺栓的数量不应少于灯具底座上的固定孔数，且螺栓直径应与孔径相配；底座上无固定安装孔的灯具（安装时自行打孔），每个灯具用于固定的螺栓或螺钉不应少于 2 个，且灯具的重心要与螺栓或螺钉的重心相吻合。

吸顶灯不可直接安装在可燃物件上，如果灯具表面高温部位靠近可燃物，要采取隔热或散热措施。

2）吸顶灯的安装前检查。一是检查引向每个灯具的导线线芯截面积，铜芯软线不小于 0.4 mm^2，单股铜芯线不小于 0.5 mm^2，否则引线必须更换。二是检查导线与灯头的连接、灯头之间的连接要牢固，电气接触应良好，以免由于接触不良，出现导线与接线端之间产生火花，而发生线路故障。

螺口灯头接线检查，如果吸顶灯中使用的是螺口灯头，则其接线应注意两点：一是相线应接在中心触点的端子上，零线应接在螺纹的端子上。二是灯头的绝缘外壳不应有破损和漏电，以防更换灯泡时触电。

白炽灯泡的安装检查。灯泡不应紧贴灯罩，灯泡的功率也应按产品技术要求选择，不可太大，以避免灯泡温度过高，玻璃罩破裂后向下溅落伤人。

3）接上吸顶灯电源进线线头。导线连接应良好，应分别用黑胶布包好并保持一定的距离，如果有可能尽量不要将两线头放在同一块金属片下，以免发生线路短路故障。

4）把灯装上，通电试灯，检查灯是否能正常发光。

5）一切正常后再把灯罩盖好，如图 4—22b 所示。

 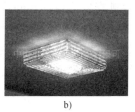

a)   b)

图 4—22 吸顶灯的安装
a）用塑料胀管固定过度件 b）灯具安装完成

（2）注意事项

安装吸顶灯的各种配件一定是配套的，不能使用其他替代。灯具固定必须牢固可靠，防止吸顶灯及装饰物掉下来伤人。安装吸顶灯时要注意安全，要求有他人协助一同完成。

6. 嵌入式射灯的安装顺序

射灯分为导轨式和嵌入式；按电压分又分为低压、高压两种，最好选低压射灯，其寿命长、光效高。射灯的光效高低以功率因数体现，功率因数越大光效越好，普通射灯的功率因数为 0.5 左右，价格便宜，优质射灯的功率因数能达到 0.99 左右，价格较贵。射灯主要由灯泡、变压器、灯杯、扣条等组成。

嵌入式射灯一般嵌入天花板，最大特点就是能保持建筑装饰的整体性。其安装顺序如下：

（1）组装灯

组装灯具的安装顺序。一般分为灯架、配装灯具及电源引线、组装好后试灯等步骤。射灯的组装如图 4—23a 所示。

（2）灯架、灯具固定

1）按设计要求测出灯具（灯架）安装高度，在电杆上划出标记。

2）将灯架、灯具吊上电杆（较重的灯架、灯具可使用滑轮、大绳吊上电杆），穿好抱箍或螺栓，按设计要求找好照射角度，找好平正度后，将灯架紧固好。

3）成排安装的灯具其仰角应保持一致，并且要排列整齐。

（3）接电源引线。将针式绝缘子固定在灯架上，将导线的一端在绝缘子上绑好回头，并分别与灯头线、熔断器进行连接。橡胶布和黑胶布半幅重叠各包扎一层。然后，将导线的另一端拉紧，并与灯的干线进行缠绕连接。

（4）灯具的相线应装有熔断器，且相线应接螺口灯头的中心端子。

（5）灯具的接线和照明线路干线连接点与杆中心的距离应为400～600 mm，且两侧对称一致。

（6）灯具的电源引下线凌空段不应有接头，长度不应超过4 m，超过时应加装固定点或使用钢管引线。

（7）导线进出灯架处应套软塑料管，并做好防水弯。

（8）试灯。线路全部安装完毕后，如图 4—23 所示。经检查无误后方可送电、试灯，并进一步调整灯具的照射角度。

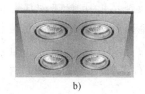

a)   b)

图 4—23 嵌入式射灯的安装

a) 安装前 b) 安装后

六、装饰灯具安装及维护的注意事项

（1）在装灯具时，如果装上分控开关，可以省去很多麻烦。如只有一个总开关同时控制几盏灯，就不能选择光线的明暗，会浪费电能，而装上分控开关可以随时根据需要选择开几盏灯或关几盏灯。如果房屋进门处有过道，在过道的末端最好也装一个开关，这样进门后就能直接关掉电源，而不需要再走回门口关灯。

（2）一个区域灯的照明应该根据需要设置成可调节的，当感觉灯光暗淡或是刺眼的时候，可以进行调整，满足使用者的多种要求。

（3）灯光的色温应该与居室的气氛一致，至少是要与居室的其他区域的色温相似。

（4）尽可能在最顶层的地方安装灯具，这样可以减少工作时的阴影。

（5）装饰灯具安装及维护。装饰灯具安装在房间的顶部，不易受到污染，若表面有灰尘可用掸子掸去，注意不要用湿布擦拭金属表面的灰尘，防止磨去表面的光泽，可以用干布抹走浮土灰尘。灯饰不亮，首先应检查灯泡是否完好。如灯泡损坏，按原规格更换新的即可；如灯泡完好，应检查控制开关是否失灵，如需更换则应购买新的重新安装；如发现开关无故障，则应检查灯的进线是否有脱落、松动。做装饰灯具检修时，应切断电源，根据线路故障现象，对照说明书的线路图进行检修。

七、灯具安装注意事项

（1）采用跳板在土建工程上搭设时，从边缘开始安装，每装好一个跳板，必须用马鞍箍把跳板固定在架上，使跳板不会移动，跳板在与架交叉处都必须固定，这样一节接着一节安装形成通道。

（2）高空作业前，施工人员应认真检查安全带等安全防护用品，认为无安全隐患后方可作业，作业时必须系好安全带。作业过程中禁止吸烟、嬉戏等非工作范畴的活动。工人上跳板作业应随带工具袋，工具使用后必须随手放入工具袋内，严禁抛掷工具等物品。

（3）电焊机的接线应一机一闸，严禁乱拉搭电线。电焊机外壳必须有良好保护接零或接地，其电源的装拆应由电工进行。焊接人员应持证上岗，严禁无证操作。焊接前必须检查并穿戴好个人防护用品，严禁酒后或情绪不稳定的人员进行操作。

（4）焊接作业应提前三天做好动火审批手续，施焊场地周围应清除易燃易爆物品，或进行覆盖、隔离。现场要有监护人并配好灭火器。

模块四　节能灯线路的安装

节能灯线路是指照明线路在选用灯具时，选用更加经济、合理和实用的灯，以达到照明线路节能、环保，光照度又能满足人们需要的目的，节能灯具主要是指电子节能灯、三基色节能荧光灯、LED灯等。

一、单控线路

1. 一控一电路接线方法

一只单极开关控制一盏灯电气原理图如图 4—24a 所示，电源相线 L 接开关 K，开关出来的线接电灯，电灯出来的线接零线 N。当接通开关 K 时，线路成通路，电灯得到电源电压 220 V，电灯亮；当不需要电灯时，断开开关 K，线路断电，电灯失去电压熄灭，此线路比较适合电灯长时间工作。

再介绍一种电灯短时间工作，能自动熄灭的一控一电路。将图 4—24a 中的开关 K 换成触摸延时开关 S，线路其他部分不变，比较适用于夜间楼道的照明控制线路，当需要时按一下触摸延时开关 S，开关接通、电灯亮，经过 1～3 min 时间后开关自动断开，电灯失去电压熄灭，线路省电、方便。同理可将开关 K 换成声光延时开关、人体感应开关等，便可以实现声光、人体感应自动延时控制线路。

随着科学技术的发展，照明线路中可选择的开关很多，触摸延时开关、声光延时开关、人体感应开关等新型开关的出现，可以有效减少传统开关在应用中所造成的能源浪费现象，在应用时应根据具体情况进行选用不同开关，以达到更节能、更方便的目的。

为了便于接线和防止接线接错，导线通常用线号表示，在复杂线路中每一根导线两端要穿相同线号，这样做不容易搞混线路，如图 4—24 所示 1~3 的标注。瓷夹板配线实际走线和接线方法如图 4—24b 所示，塑料线槽配线实际走线和接线方法如图 4—24c 所示，塑料护套线路实际走线和接线方法如图 4—24d 所示。注意：插座在实际接线时，一定要按"左零右火"接线。

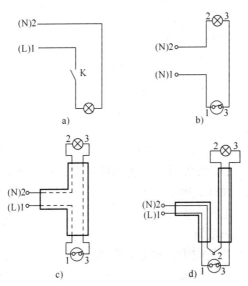

图 4—24 一控一电路接线示意图

a）电气原理图   b）瓷夹板配线   c）塑料线槽配线   d）护套线配线

2. 一控一附加插座电路接线方法

一只单极开关控制一盏灯另外附加插座电路的接线方法如图4—25所示。注意：插座在实际接线时，一定要按"左零右火"接线。

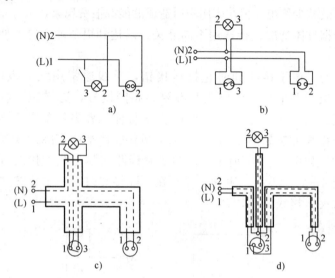

图4—25 一控一附加插座电路接线示意图

a）电气原理图 b）瓷夹板配线 c）塑料线槽配线 d）塑料护套线配线

3. 一控二（或一控多）电路接线方法

一只单极开关控制两盏灯或多盏灯电路的接线方法如图4—26所示，图中箭头所指，表示可按照此方法重复接多盏灯。接线前必须考虑开关容量是否与负荷总功率相匹配，否则会烧坏开关甚至引起电气火灾。

二、双控一线路

双控一线路是应用在楼道上下楼之间的照明线路，它可以在楼下或楼上控制灯亮和灯熄，即节能又方便，此线路可采用两只双控开关来实现。其接线方法如图4—27所示。

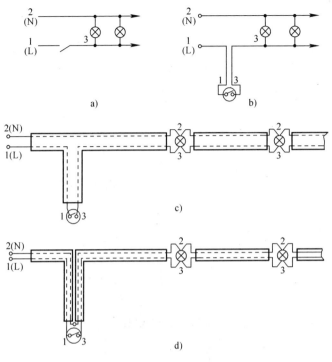

图 4—26　一控二（或一控多）电路接线示意图
a）电气原理图　b）瓷夹板配线
c）塑料线槽配线　d）塑料护套线配线

在画电子节能灯、三基色节能荧光灯、LED 灯和白炽灯等线路时，在线路图中灯的图形符号均用"⊗"表示，在标注文字符号时，要指出灯的类型，即在靠近灯的图形符号处，按照国标要求标出不同文字符号，如荧光灯用 FL 表示，LED 灯用 LED 表示，白炽灯用 IN 表示等。在作技术说明时，一定要详细说明灯的类型、规格及配件要求，帮助施工人员准确把握、理解线路。

三、线路施工注意事项

（1）电子节能灯线路不宜采用调光及电子、声控开关，因为上述开关接通瞬间会出现电压过高或过低，影响电子节能灯的使

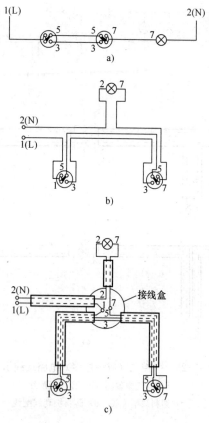

图 4—27　双控—线路接线示意图

a）电气原理图　b）瓷夹板配线　c）塑料护套线配线

用寿命。

（2）由于施工线路方式的不同，实际走线和接线要求也不同，因此要正确处理导线连接。如瓷夹板配线允许线路上有接头，但护套线路、管线线路和塑料线槽线路则不允许有接头，而应将接头设置在固定开关、插座或灯座等连接处，确保线路安全和美观。

（3）不论采用何种方式施工，都要从安全用电出发，不能违反照明器具的接线原则，即相线必须接进开关线，零线必须进灯座，插座接线必须按"左零右火"等。

四、节能灯线路常见故障及检修

节能灯线路常见故障及检修方法见表4—6。

表4—6　　　　　节能灯线路常见故障及检修方法

故障现象	产生故障的原因	检修方法
节能灯不亮	灯座、开关接触不良或者是线路中有断路现象	如属接触不良，应拧紧松动的螺栓或更换灯头或开关。如果是线路断路，则应检查并找出线路断开处，接通线路
合上开关即烧断熔丝	多数是线路发生短路	检查灯头接线，取下螺口灯检查灯头内中心铜片与螺口是否短路；灯头接线是否松脱；检查线路有无绝缘损坏；估算负载是否熔丝容量过小
灯忽亮忽暗（熄灭）	开关、灯头、熔断器及线路接头等处接线松动（虚接）	用万用表检查电源电压是否波动过大，接线松动可拧紧松动的接头，电压小幅波动不需处理
灯发出强烈白光或灯光暗淡	灯工作电压与电源电压不相符	更换与电源电压相符的灯

白炽灯线路与节能灯线路基本相同，只不过是将节能灯换成了白炽灯，其他组成和工作原理完全相同。白炽灯的应用，现在国家已有新规定，它属于高能耗电器，被列为逐步淘汰产品，这里就不作介绍。

模块五　荧光灯线路的安装

一、荧光灯线路的组成及工作原理

1. 荧光灯线路的组成

荧光灯线路主要由灯管、镇流器、启辉器和灯架等部分组成。

（1）灯管。灯管是由一根直径为15～40.5 cm的玻璃管、灯丝和灯脚等组成。玻璃管内抽成真空后充入少量汞（水银）和氩等惰性气体，管壁涂有荧光粉，灯丝由钨丝制成，用以发射电子，其结构如图4—28所示。常用灯管的功率有6 W、8 W、12 W、15 W、20 W、30 W、40 W等。目前，国内厂家生产的彩色荧光灯有蓝色、绿色、粉红色等，主要用于娱乐场所、商场作装饰灯。

（2）镇流器

1）电感镇流器。电感镇流器是由铁心和电感线圈构成，它主要有两个作用，在启动时与启动器配合，产生瞬时高压点燃荧光灯管；在工作时利用串联在电路中

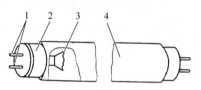

图4—28　直管形荧光灯管的构造
1—灯脚　2—灯头
3—灯丝　4—玻璃管

的电感来限制灯管电流，延长灯管使用寿命。电感镇流器有单线圈式和双线圈式两种，如图4—29a、图4—29b所示。双线圈式镇流器多出的线圈叫去磁线圈，其作用是为了在荧光灯启动时减小镇流器的电感，使启动电流增加；而在工作时因启动器断开，对荧光灯的正常工作没有影响。这样即使在电压较低时，也能保证荧光灯顺利启动。镇流器的选用必须与灯管配套，即灯管的功率必须与镇流器的功率相同，否则会影响荧光灯的使用寿命。

电感镇流器现在有两种类型，一种是不带过热保护的老式电感镇流器，如上所述。另一种是在老式电感镇流器基础上发展起来的电感镇流器（过热保护型），它在老式电感镇流器的构成上又加了过热保护装置，具有老式电感镇流器作用的同时又增加了过热保护功能，过热保护型当电感镇流器绕组出现短路现象时，温度急剧上升，超过热保护器动作温度后瞬间熔断，自动切断电源，保护整个镇流器电路，同时保证更换新的灯管时，不至于

再一次损坏灯管,电感镇流器(过热保护型)外形如图 4—29c 所示。两种电感镇流器使用方法相同。

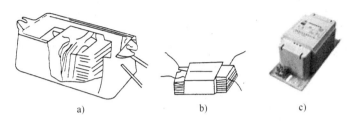

图 4—29 电感镇流器

a)单线圈式 b)双线圈式 c)电感镇流器(过热保护型)

2)电子镇流器。电子镇流器是由整流滤波电路、高频振荡电路和 LC 串联振荡电路组成,实际上是一个电源变换器,换成频率为 20~50 kHz 的高频方波电压信号,电子镇流器如图 4—30 所示。电子镇流器将逐步取代传统老式电感镇流器。配电子镇流器的荧光灯灯管有直、圆等管型,功率为 20~40 W,电源电压为交流 130~240 V,灯管工作电压小于等于 100 V,节能效率为 30%。

图 4—30 电子镇流器

a)外形 b)内部电子元件

电感镇流器与电子镇流器各有特点。电感镇流器由铁心和电感线圈组成,质量可靠,性能稳定,使用寿命长,但是启动时间需 1~3 s,有闪烁,电感镇流器本身耗电较大,40 W 的耗电约为 8 W。电子镇流器由二极管、三极管和电容等组成,质量轻,在环境温度-25~40℃、电压 130~240 V 时,经 3 s 预热便可一次快速启动荧光灯,启动时无火花,不需启动器和补偿电容器，本身耗电小，自身损耗通常在 1 W 左右，40 W 荧光灯只需供给 27 W 高频功率，实际消耗功率只有 28 W，比电感镇流器节省 11 W 功率，节电率约 27%。由于电子镇流器是由许多电子元件组成，而电子元件容易损坏，因此可靠性和耐用性差。电感镇流器与电子镇流器两者各有其特点，可以根据使用的具体情况进行选择。

（3）辉光启动器。简称启动器俗称"跳泡"，由氖泡、纸介电容和铝外壳组成。氖泡内有一个固定的静止触片和一个双金属片制成的倒 U 形触片。双金属片由两种膨胀系数差别很大的金属薄片焊制而成。动触片与静触片平时分开，两者相距 0.5 mm 左右。辉光启动器的构造如图 4—31 所示。与氖泡并联的纸介电容容量在 5000 pF 左右，它的作用有两个：一是与电感镇流器线圈组成 LC 振荡回路，能延长灯丝预热时间和维持脉冲放电，配合镇流器完成荧光灯的启动；二是能吸

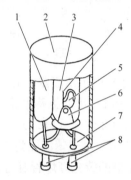

图 4—31　辉光启动器
1—电容器　2—铝壳　3—玻璃泡　4—静触片　5—动触片　6—涂铈化物　7—绝缘底座　8—插头

收电磁波，减轻对收音机、录音机、电视机等电子设备的电磁干扰。启动器如果电容被击穿，去掉后氖泡仍可使灯管正常发光，但失去吸收干扰杂波的作用。启动器的规格有 4～8 W、15～20 W、30～40 W 以及通用型 4～40 W 等。

（4）灯座。一对绝缘灯座将荧光灯管支撑在灯架上，再用导线连接成荧光灯的完整电路。灯座有开启式和插入弹簧式两种，如图 4—32 所示。开启式灯座还有大型和小型两种，6 W、8 W、12 W 等细灯管用小型灯座，15 W 以上的灯管用大型灯座。

（5）灯架。灯架用来固定灯座、灯管、启动器等荧光灯零部

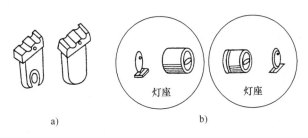

图 4—32 荧光灯灯座

a) 开启式　b) 插入弹簧式

件，有木制、铁皮制、铝制等几种。其规格是与灯管尺寸相配合，依据灯管数量和光照方向选用。木制灯架一般用作散件自制组装的荧光灯具，而铁皮制灯架一般是厂家装好的荧光灯具套件，如图 4—33 所示。

2. 荧光灯的工作原理

（1）配电感镇流器荧光灯的工作原理。荧光灯接通电源电压开关后，电压经过镇流器、灯丝，加在启动器的 U 形动触片与静触片之间，引起辉光放电。放电时产生的热量使双金属 U 形动触片膨胀并向外伸张与静触片接触，接通电路，使灯丝预热并发射电

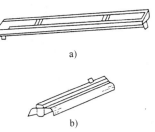

图 4—33 荧光灯架

a) 木制　b) 铁皮制

子。与此同时，由于 U 形动触片与静触片相接触，两片间电压为零而停止辉光放电，使 U 形动触片冷却，并复原而脱离静触片。在动触片断开瞬间，镇流器两端会产生一个比电源电压高得多的感应电动势（800～1 500 V），这个感应电动势加在灯管两端，使灯管内惰性气体被电离而引起弧光放电。随着弧光放电，灯管内温度升高，液态汞汽化游离，引起汞蒸气弧光放电，产生不可见的紫外线。紫外线激发灯管内壁的荧光粉后，发出近似荧光色的灯光。

荧光灯启动后，灯管导通，启动器的动、静触片之间无电压，停止工作。此时镇流器与灯管串联，镇流器起限流作用，使电流维持在某一数值上，这个电流称为工作电流，工作电流要比启动电流小得多。荧光灯电气原理如图 4—34 所示。

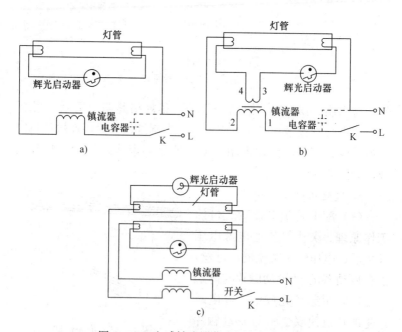

图 4—34　电感镇流器荧光灯电气原理图
a) 两引线镇流器接线　b) 四引线镇流器接线　c) 多灯管并联的电路

（2）配电子镇流器荧光灯的工作原理。荧光灯接通电源开关后，电压经电子镇流器的整流滤波电路、高频振荡电路和 LC 串联振荡电路产生振荡电压，振荡电压高达 600～1 000 V，这个高电压加在灯管两端，使灯管直接启动。灯管启动后，灯管的电阻下降，灯管两端的电压下降，电子镇流器可以将流过灯管的电流限制在一定的工作电流范围之内，使荧光灯正常工作。电子镇流器荧光灯电气原理如图 4—35 所示。

（3）三基色节能荧光灯。三基色节能荧光灯又称为特型荧光

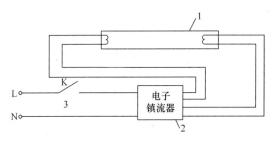

图 4—35 电子镇流器荧光灯电气原理图
1—灯管 2—电子镇流器 3—开关

灯，它具有光色柔和显色性好、体积小、造型别致的特点。其外形有直管形、单U形、环形、W形、双U形、2D形、H形等，常见节能型荧光灯如图 4—36 所示。其工作原理与普通荧光灯相似，可与电子镇流器配套使用（不配有启动器），也可与电感型镇流器配套使用（要配有启动器）。

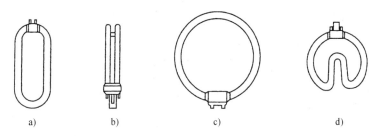

图 4—36 三基色节能荧光灯
a) U形 b) H形 c) 环形 d) W形

二、荧光灯的安装与接线

荧光灯的安装方法，先对照电气原理图组装灯具的配件，连接电路导线，通电试亮，然后在建筑物上固定，并与室内的控制电源线接通。组装灯具时应先检查灯管、镇流器、启辉器、灯座等有无损坏，是否相互配套，然后按下列步骤安装。

1. 安装与接线

根据荧光灯管长度的要求，购置或制作与之配套的灯架。分散控制的荧光灯,将镇流器安装在灯架的中间位置;集中控制的几盏荧光灯,几只镇流器应集中安装在控制点的一块配电板上。然后将两个灯座分别固定在灯架两端(启动器座与灯座连为一体)。启动器座是独立的,应装在灯架的另一端。灯座中间距离要按荧光灯长度量好,使灯管两端灯脚既能插进灯座插孔,又能有较紧的配合。各配件的位置固定后,灯座是边接线边固定在灯架上。按照图4—34所示电气原理图接线,接完线后,应检查接线是否正确,有无漏接或错接,然后在工作台上通电试灯,无误后再进行灯具的安装。

2. 灯具的安装

灯具的安装有悬吊式和吸顶式两种。悬吊式又分钢管悬吊和金属链条悬吊两种,安装前先在设计的固定点打孔预埋合适的紧固件,然后将灯具固定在紧固件上,荧光灯组装电路和灯具的安装,如图4—37所示。接上电源线、装上灯管,把启动器旋入底座,打开关即可通电试用。

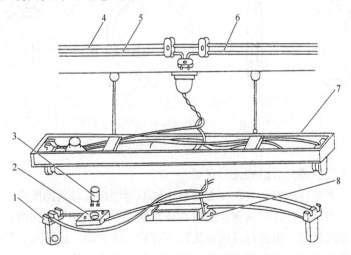

图4—37　荧光灯线路的安装

1—灯座　2—启动器座　3—启动器　4—相线　5—中性线

6—与开关连接线　7—灯架　8—镇流器

三、荧光灯线路常见故障及检修

荧光灯线路常见故障及检修方法见表 4—7。

表 4—7　　　　荧光灯线路常见故障及检修方法

故障现象	产生故障的可能原因	检修方法
荧光灯管不发光	可能是接触不良、启动器损坏或荧光灯管灯丝已断、镇流器开路等引起的	属接触不良时，可转动灯管，压紧灯管与灯座之间的接触，转动启动器使线路接触良好。如属启动器损坏，可取下启动器用一根导线的两金属头同时接触启动器座的两簧片，取开后荧光灯应发亮，此现象属启动器损坏，应更换启动器。若是荧光灯管灯丝断路或镇流器断路，可用万用表检查通断情况，根据检查情况进行更换
灯管两端发光，不能正常工作	启动器损坏、电压过低、灯管陈旧或气温过低等原因引起的	更换启动器，更换陈旧的灯管。如果是电压过低则不需要处理，待电压正常后荧光灯可正常工作。气温过低时，可加保护罩提高温度
灯光闪烁	新灯管属质量不好或旧灯管属灯管陈旧引起的	更换灯管
灯管亮度降低	灯管陈旧（灯管发黄或两端发黑）、电压偏低等引起的	更换灯管。电压偏低则不需要处理
灯管发光后在管内旋转或灯管内两端出现黑斑	光在管内旋转是某些新灯管出现的暂时现象	开用几次即可消失。灯管内两端出现黑斑是管内水银凝结造成的，启动后可以蒸发消除
噪声较大	镇流器质量较差、硅钢片振动造成的	夹紧铁心或更换镇流器
镇流器过热、冒烟	可能镇流器内部线圈匝间短路或散热不好	更换镇流器内

故障现象	产生故障的可能原因	检修方法
接通荧光灯开关，灯管闪亮后立即熄灭	可能是新安装的荧光灯线路错误	检查灯管，若灯管灯丝烧断，应继续检查线路，重新连接，更换新灯管再接通电源
断电后灯管仍发微光	荧光粉余辉特性、开关接到了零线上	过一会将自行消失，将开关改接至相线上

模块六 线路竣工检查与试验

当某一区域的室内照明装置全部安装完成后，应进行线路的安装技术检查、绝缘检查和通电试验等，检查线路及其装置是否符合技术要求、能否正常工作，经检查合格后才能交付使用。

一、线路竣工的检查

（1）检查线路支持点和电气元件装置的安装是否牢固可靠。

（2）电气元件装置的接线柱和线头的连接是否完好。

（3）电线的连接和绝缘恢复是否符合要求。

（4）接线是否正确。如三孔插座的相线、中性线（零线）和接地线是否正确。

（5）电源相线必须进开关，中性线直接接灯座的螺旋口接线柱上。

二、线路绝缘的检查

线路的绝缘检查可在照明配电箱内进行。检查前，切断电源总开关，取出各分路熔断器的熔丝，摘除线路上所有的电灯及用电电器，用500 V绝缘电阻表检测各分路线间绝缘和线路对地绝缘。检测线间绝缘时，绝缘电阻表两表笔应分别接触分路熔断器电源出线（即负载）的接线柱，如图4—38a所示；检测线路对地绝缘时，绝缘电阻表一表笔规定接在接零（或接地）保护线上，另一表笔接触分路熔断器电源出线的接线柱，如图 4—38b 所示。一般线路绝缘电阻应不低于 0.22 MΩ，穿入钢管的线路不低于 0.55 MΩ。绝缘电阻数值越大越好，说明线路绝缘性能越好。

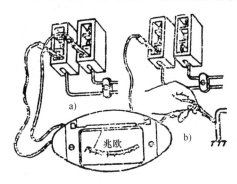

图 4—38 电路绝缘性能的测试方法

a）检测线间绝缘 b）检测线路对地绝缘

三、线路通电的试验

室内照明线路在安装完毕试送电之前，须用校验灯跨接在总熔断器的熔丝座两端，对线路进行通电检查，如图 4—39 所示，检验线路有无接错，防止通电时发生毁灯事故。

检查方法和步骤如下：

（1）断开总电源开关及各分路开关。

（2）取下总熔断器的熔丝盖。

（3）将校验灯（220 V、100 W 以上）跨接在总熔丝座电源进、出线端。

（4）合上总电源开关。如线路正常，校验灯应不亮。

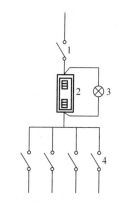

图 4—39 室内照明线路竣工后的通电检查示意图

1—总电源开关 2—总熔断器的熔丝座
3—校验灯 4—各分路开关

（5）逐一合上分路开关。每合上一路都要观察校验灯的亮度。正常情况是合上第一路时，校验灯不亮或微红，校验灯不亮，说明该电路没有安装用电器或有断路之处，校验灯微红，说明该电路装有用电器。每多合上一路，亮度就应有所增加，直至合上所有分路开关时，校验灯也不能达到正常亮度，则说明该线路正常。但是，当合上某一路开关时，校验灯突然达到正常亮度，则说明分路有短路故障，应及时排除故障，故障排除后继续检查。若校验灯超过正常亮度，则应马上断电，这是两根相线短路现象。

（6）线路经检查正常后，拆下校验灯，插上总熔断器的熔丝盖，便可送电。

四、用验电插头检查插座接线

将验电插头（或称插头式验电器、相位检测仪）插进被检查线路的单相三极插座上，根据指示灯显示，即知该插座接线是否正确，不合规范的应及时纠正，确保用电安全可靠。特别是在线路竣工后，用它检查和判断插座接线是否正确时，具有方便、快捷等优点。验电插头还可以在显示正确状态下，检测线路中漏电保护器是否能准确动作。验电插头规格有 10 A 和 16 A。验电插头如图 4—40 所示。

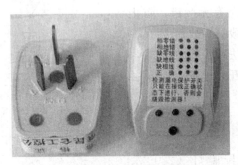

图 4—40　验电插头的外形图

为了确保安全和正确使用验电插头，在使用之前，一定要详细阅读产品说明书及验电插头面板指示灯显示说明，因为产品不同，使用方法不同。验电插头面板指示灯显示说明见表4—8。

表4—8 验电插头指示灯显示说明

指示灯排序号	指示灯显示	线路检查结果及排除方法
1	○●●	正确
2	●●○	相零错。插座上的相线（L）错接在N上，零线（N）错接在L上，把插座上的相线（L）与零线（N）对调再重新接线
3	●○●	相地错。插座上的相线（L）错接在E上，地线（E）错接在L上，把插座上的相线（L）与地线（E）对调再重新接线
4	○●○	缺零线。插座上缺少零线（N），检查插座上的零线是否接实或开路（电线断路）后，重新连接
5	○○●	缺地线。插座上缺少地线（E），检查插座上的地线是否接实或开路（电线断路）后，重新连接
6	○○○	缺相线。插座上缺少相线（L），检查插座上的相线是否接实或开路（电线断路）后，重新连接

注："●"符号表示红灯亮，"○"符号表示红灯不亮。

验电插头使用注意事项

（1）普通验电的插头可以检验漏电流为交流 220 V、30 mA。

（2）空调验电插头可以检验漏电流为交流 220 V、16 mA

（3）漏电保护试验必须在接线正确情况下进行，合上电源开关立即跳闸断电，视为线路正常，如不跳闸断电视为线路有问题。

（4）接地电阻必须小于 10 Ω。

模块七 室内照明线路的增设和拆除、检修

一、照明线路的增设和拆除

不符合安装要求的线路及其装置应予以拆除；不能拆除时，

应按要求重新配线和安装。

1. 照明线路增设的基本要求

（1）增设线路所需要的新支线一般不允许在原有线路末端延长或在原有线路上任意分支，而应在配电总开关的出线端（或总熔断器出线端）引线，也可以在干线熔断器盒的出线端引接，成为新的分路。

（2）增设分路负载超过用电申请裕量时，应重新申请增加用电量，不可随意增设分支扩大容量。

（3）增设用电设备台数较少，原有线路尚能承受所增负载时，则允许在原有线路上分接支线。

（4）新增分支要考虑保护措施。

2. 线路拆除的基本要求

（1）拆除个别用电设备，不能只拆除设备而将电源线留在原处，应把这段电源线全部拆除至干线引接处，并恢复好干线的绝缘。

（2）拆除整段支线，应拆至上一级分支干线的熔断器处，不可只在分支处与干线脱离而将支线留在原处，应把所拆支线全部拆除。

（3）在照明线路上，拆除个别灯头或插座、开关时，应把灯座的电源引线从挂线盒上拆除，把插座线头或开关线头恢复绝缘层后埋入木台内，切不可把线头露在木台之外。

（4）拆除部分线路时，不可破坏原有的保护接线系统。

二、照明线路的检修

照明线路的检修包括两个内容：一是线路故障的检修，二是灯具及其附件的检修。线路常见故障一般有线路短路、断路、漏电、接触不良及发热等。

1. 线路短路的检修

发生短路时，由于电路电阻急剧下降，电流急剧增大，若此时保护装置失去作用，将会烧毁线路导线和设备。线路短路包括线间短路和线路对地短路，其特点是熔断器的熔丝熔断，换上新熔丝合上闸后又立即熔断。线路短路的原因，可能是线路相线之间绝缘层破坏或螺口灯头舌簧片碰壳、线路对地短路等，几种常见短路现象如图4—41所示。

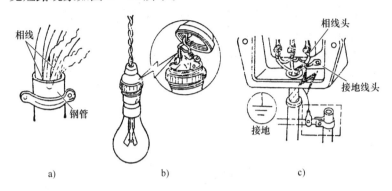

图4—41　几种常见短路现象示意图
a) 线路相线之间绝缘层破坏　b) 螺口灯头舌簧片碰壳
c) 线路对地短路

（1）短路故障的分析

1）采用绝缘导线的线路，线路本身短路的可能性较小，往往由于用电设备、开关装置和保护装置内部发生相间碰线或绝缘损坏而发生短路。因此，检查和排除短路故障时应先把故障区域内的用电设备脱离电源线路，试看故障是否能够排除，如果故障依然存在，再逐个检查开关和保护装置。

2）管线线路和护套线线路往往因为线路上存在严重过载或漏电等，使导线长期过热，破坏了导线的绝缘性能或因外界机械损伤而破坏了导线绝缘层，都会引起线路短路。所以，要定期检查导线的绝缘电阻和绝缘层的结构状况，发现绝缘电阻下降或绝缘层出现龟裂，应予以更换。

（2）短路故障检修方法。根据短路故障现象和故障分析，对照线路原理图和接线图判断出短路点，进行修复，有些线路比较简单，故障点比较直观，容易发现；但是，有些线路比较复杂，难以判断出短路点，可以采用下面方法。首先断开总电源开关，把中性线上熔丝插头取下，然后用功率较大的校验灯串接到熔丝两端接线端子上，接通总电源开关，再接通 K1 开关，如校验灯正常亮，则说明这一支路短路，如图 4—42 所示；然后断开 K1 开关，再分别进行其他支路各只灯、开关的试验，若校验灯灯光变暗，则说明这一支路正常，再进行下一支路，同理之。最后，可以断定短路点就出现在第一支路内或在这一盏电灯上，根据故障判断进行修复。

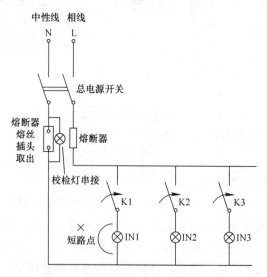

图 4—42　检查电路短路点方法的示意图

2. 线路断路的检修

（1）线路断路的原因

电路存在断路现象后，电流就不能形成回路，因此，电路也不能正常工作。造成线路断路故障的原因通常有以下几个方面：

1）导线线头连接点松散或脱落。

2）小截面的导线被老鼠咬断。

3）导线因受外物撞击或拉钩等断裂。

4）小截面导线因严重过载或短路而烧断。

5）单股小截面导线因质量不佳或因安装时受到损伤，在绝缘层内部的芯线断裂。

6）活动部分的连接因机械疲劳而断裂。

7）线路的控制设备及保护装置有故障。

线路断路的一般检修方法。首先用验电器检查总开关进线端子，如有电，用万用表检查电源是否有电压，有电压则说明进线正常，如无电压就表示进线断开，应进行修复进线。再用验电器测试各支路，如有电，再用万用表检查，一端接相线，另一端接试各级中性线，如有电压，说明中性线正常未断，若没有电压说明中性线已断，应接中性线。

（2）常见断路的检修

1）户内的灯均不亮，左邻右舍正常。首先检查室内熔断器是否熔断，因为多数情况是因负载太大或户内线路短路而造成。若熔丝未断，再用验电器测熔断器是否有电、进户点连接是否断路。

2）个别灯不亮。应检查灯具及其开关、挂线盒各接线柱是否有电、是否断路或连接点是否锈蚀。用验电器测试灯头相、零两接线柱时，若验电器氖管不发光，至少可以肯定相线有断路；若相线和零线均使验电器氖管发光（发光较暗的是零线），则可以肯定是零线断路。正常情况是只有相线可以使氖管发光。

3）所有灯均不亮。可用验电器检查总开关电源进线端相线是否有电，如果相线有电，再用校验灯测试（校验灯一端接相线，一端接零线），如果校验灯亮，说明电源进线无问题，可能是总电源开关或熔断器有问题；若校验灯不亮，说明零线进线有断路。

3. 线路漏电的检修

线路漏电可以分为相间和相地之间两类。存在漏电故障时，在不同程度上会反映出耗电量的增加。随着漏电程度的发展，会出现类似过载和短路故障的现象，如熔体经常烧断，保护装置容易动作及导线和设备过热等。

引起漏电的主要原因有：

（1）线路和设备绝缘老化或损坏。

（2）线路装置安装得不符合技术要求。

（3）线路和设备因受潮、受热或遭受化学腐蚀而降低了绝缘性能。

（4）恢复的绝缘层不符合要求，或恢复层绝缘带松散。

线路出现漏电往往会有下列现象：电能表数比平时用电增加，建筑物带电，用电电器金属外壳带电，导线发热，漏电保护器动作等。为了确诊，可以去掉线路上所有负载，把漏电保护跨接，合上开关，观察电能表铝盘的运转情况，若电能表铝盘不再转动，说明电路不漏电，可切断开关；若铝盘仍再转动，说明电路漏电，铝盘转动越快，说明漏电越严重。

电路漏电的原因很多，可先从用电电器（带金属外壳）、灯头、挂线盒、开关、插座等处着手检查。如果这几处均无问题，应着重检查以下几处：导线连接处、导线穿墙处、导线转弯处、导线脱落处、双根线绞合处等。检查结果，若只发现1～2处漏电，只要把故障处修复或换新电器即可；若多处漏电，则表明导线绝缘全部老化，木台、槽板腐朽变质，应全部更换。

4. 线路接触不良的检修

在供电及负荷正常的情况下，照明灯无规律的时亮时灭，表明线路上有接点松动，或导线线芯在绝缘层内有断芯的现象。检查时，可沿故障线路轻轻拨动各接线点和线路导线（特别是松弛晃动的导线），如拨到某处照明灯闪烁，该处即为故障所在点。

5. 线路发热的检修

线路发热或连接点发热的故障原因通常有以下几个方面：

（1）导线选用不符合技术要求，若导线截面积过小会出现导线过载发热。

（2）用电设备的容量增大而线路导线没有相应增大截面积。

（3）线路、设备和各种装置存在漏电现象。

（4）单根载流导线穿过具有环状的磁性金属，如钢管等。

（5）导线连接点松散，因接触电阻增加而发热。

（6）自然散热条件变坏。

上述故障的现象比较明显，造成故障的原因也比较简单，针对故障原因，采取相应的措施，易于排除。

6.灯具及其附件的检修

检修线路时必须停电进行，检修主要内容有以下几个方面：

（1）灯具及其附件如有破裂、烧焦时应予以更换；缺件时应予配齐。

（2）配电箱内外堆有杂物或积有灰尘时应予以清除。

（3）各用电器具的金属外壳或插座的保护接零（或接地）线断裂或脱落时应及时恢复其接线。

（4）绞缠不清的线路应予以理顺，并按要求固定；线路及其装置的支持点松动或脱落时应予以加固。

培训大纲建议

一、培训目标

通过培训，培训对象可以从事室内照明线路安装与检修等工作。

1. 理论知识培训目标

（1）掌握电路基础知识。

（2）了解电工安全常识。

（3）熟悉触电急救知识。

（4）掌握电工识图。

（5）了解室内线路导线、开关、熔断器、照明灯具及插座的选择。

（6）懂得室内照明线路增设、拆除、检修的基本要求和方法。

2. 操作技能培训目标

（1）正确使用电工工具、仪表。

（2）掌握导线连接与绝缘恢复。

（3）掌握护套线、管线线路和塑料线槽线路的安装。

（4）正确安装开关、熔断器、照明灯具及插座等电气元件。

（5）掌握节能灯线路、荧光灯线路安装与维修。

（6）掌握装饰灯具安装的基本要求。

（7）掌握线路竣工检查与试验。

二、培训中应注意的问题

1. 培训中注重理论联系实际，加强动手能力的培训，重点介绍室内照明线路安装、检修及线路竣工检查与试验。

2. 培训中加强对安全、正确、规范性等的学习，能根据室内照明线路图和有关技术要求，完成室内照明线路的安装与检修任务。

三、培训课时安排

总课时数：156 课时

理论知识课时：66 课时

操作技能课时：90 课时

具体培训课时分配见下表。

培训课时分配表

培训内容	理论知识课时	操作技能课时	总课时	培训建议
第一单元　电工基础知识	16	4	20	**重点：电路的基本概念；安全用电常识；电工识图的基本方法；室内线路导线的选择** **难点：会电工识图；室内线路导线的选择**
模块一　电路基础知识	4			
模块二　电工安全常识	4	4		
模块三　电工识图	4			
模块四　室内线路导线的选择	4			
第二单元　电工基本操作	12	16	28	**重点：正确使用验电器、万用表、绝缘电阻表；用电烙铁钎焊；掌握导线连接与绝缘恢复** **难点：万用表的使用方法；用电烙铁钎焊**
模块一　电工常用工具的使用	2	4		
模块二　电工常用仪表的使用	4	4		
模块三　导线的连接与绝缘恢复	4	4		
模块四　用电烙铁钎焊	2	4		

培训内容	理论知识课时	操作技能课时	总课时	培训建议
第三单元　室内线路施工	**14**	**26**	40	重点：室内线路施工的基本要求；管线线路的施工；PVC管线线路暗敷设改造施工 难点：管线线路的施工
模块一　室内线路施工的基本要求	2			
模块二　护套线线路的施工	4	8		
模块三　管线线路的施工	4	10		
模块四　塑料线槽线路的施工	4	8		
第四单元　室内照明线路装置安装与检修	**24**	**44**	68	重点：正确安装低压开关、熔断器、照明灯具及插座；正确安装单控线路、多控线路、双控一线路及节能灯线路常见故障检修；正确安装荧光灯线路及常见故障检修；正确对线路竣工检查与通电试验 难点：荧光灯线路故障的检修；室内照明线路的检修
模块一　室内线路电气元件选择	4	8		
模块二　照明器具的安装	4	8		
模块三　装饰灯具的安装	4	4		
模块四　节能灯线路的安装	4	8		
模块五　荧光灯线路的安装	4	8		
模块六　线路竣工检查与试验	2	4		
模块七　室内照明线路的增设和拆除、检修	2	4		
总计	66	90	156	